VIVIR SIN MIGRAÑA

Título: Vivir Sin Migraña

Primera edición, septiembre de 2019

ISBN 978-84-09-13446-5

VIVIR SIN MIGRAÑA

SÉFORA BERMÚDEZ

CON 25 TESTIMONIOS
DE CURACIÓN

Dedicado a todos aquellos
que me han enseñado algo.

CONTENIDO

INTRODUCCIÓN

Me alegra mucho que me hayas encontrado.

Me llamo Séfora y mientras escribo estas líneas en 2019 tengo 38 años y llevo doce sin sufrir una crisis de migraña.

Desde mi preadolescencia hasta bien entrada la adultez, la migraña fue la protagonista de mi existencia. Me estropeaba el día de mi cumpleaños, mis vacaciones, las cenas con amigos, los domingos aburridos y cualquier día aleatorio del año.

Mientras estudiaba en la facultad de Biología, llegué a sufrir a la semana unas tres o cuatro crisis con aura que secuestraban mi vida entera.

Un día desactivé mis migrañas. Tardé un año en conseguirlo.

Una década después de vivir sin migrañas y sin dedicar un segundo a pensar en ellas, una idea atravesó mi mente como un rayo: «Escribe un libro». No pude dejar aquella idea/obsesión hasta que transformé mi pensamiento en este objeto que tienes ahora entre las manos.

No creas que mi caso es una excepción, muchas personas antes que yo han eliminado sus migra-

ñas y muchas después de mí lo lograrán, pero yo soy la única que dedica toda la jornada a difundirlo y a enseñar a otras personas todo aquello que necesitan saber para liberarse del encierro de sus migrañas.

No estoy sola en el lado de los exmigrañosos. Durante las siguientes páginas encontrarás testimonios de personas que ya lo han conseguido y compartirán sus experiencias contigo. Doy las gracias a todas ellas por su generosidad y por explicar sus historias de curación para inspirarte a ti.

Quiero advertirte que no soy neuróloga, ni psicóloga, ni este es un libro de autoayuda. Este libro recopila mi experiencia personal de curación y como mentora antimigraña con más de dos años de experiencia, además de ofrecer herramientas y estudios para que tengas información teórica y práctica acerca de qué es la migraña y comprendas que es posible eliminarla.

No te pongas (ni me pongas) la presión de eliminar tus síntomas con este libro. Comprendo que tengas ese objetivo y sé que algunos lo conseguirán, pero quiero ser sincera: desactivar la migraña no es un truco de magia en el que yo chasqueo los dedos y no vuelves a tener dolor jamás. **Desactivar la migraña implica un trabajo personal de integración de nueva información, gestión del dolor y modificación del pensamiento a medio plazo.**

En este libro te cuento cómo hacerlo. Probablemente leerás ideas que no has escuchado jamás y voy a contradecir lo que sabes.

El texto se estructura en dos grandes bloques:

- BLOQUE 1: el cuerpo. Describo qué es exactamente la migraña, qué pasa dentro de tu cabeza y la función que tiene el dolor. Además, te explico todos los síntomas que acompañan a la migraña y que muchas veces no se relacionan con ella y te hablo sobre desencadenantes y herencia.
- BLOQUE 2: la mente. Te cuento cómo lo que piensas y lo que sientes afecta a tu cuerpo y a tus migrañas. ¿Existe una personalidad migrañosa?

Al final, encontrarás un recopilatorio de preguntas frecuentes y un bloque de cierre con recomendaciones generales.

Cada uno de los capítulos comienza con un intenso y transformador suceso de mi proceso de curación que está relacionado con el contenido de los capítulos que conforman los dos bloques. Para comprender la totalidad del texto, he creado cuadros destacados y resúmenes que te ayudarán a fijar los conceptos, junto con ejercicios prácticos que puedes aplicar desde hoy mismo. Me he esforzado en utilizar un lenguaje muy cercano y sencillo, alejado de complicados tecnicismos.

Mi único objetivo con este libro es difundir que la migraña se puede eliminar y dar esperanza a otras personas, para que sepan que esto puede lograrse.

Por ello creé también la web Vivir Sin Migraña, que puedes ver en www.seforabermudez.com y que difundo también en las redes sociales. Puedes contactar conmigo en info@seforabermudez.com.

Descubrirás a lo largo de las páginas que la migraña no es una enfermedad, que no hay una correlación genética y que no es una alteración del riego sanguíneo. Es un error. Un sistema de sobreprotección de tu mente sobre tu cuerpo.

Quiero aclarar que tú eres el único responsable de las consecuencias de la aplicación de lo expuesto de ahora en adelante y de tu libre interpretación. No recomiendo jamás desatender las indicaciones de los profesionales sanitarios; si lo haces, es tu decisión. Lo que aquí cuento describe mi experiencia vital.

Te deseo lo mejor y estoy encantada de acompañarte en este viaje. Suelen decirme que soy clara, concisa y directa. Espero que así sean las siguientes páginas.

Ten una buena lectura y mucho ánimo, **valiente.**

BLOQUE 1

EL CUERPO

1.
MI HISTORIA PERSONAL: EL PEOR DÍA DE MI VIDA

Duele.

Duele mucho.

Siento un martilleo agudo en la sien y en el ojo izquierdo.

Es como si hubiera un pequeño corazón latiendo en un lado de mi cabeza. Pum, pum, pum.

Quiero que pare.

Cierro los ojos porque la luz atraviesa como un rayo mi pupila y se clava en el cerebro como una flecha.

Con los ojos cerrados pido un deseo que sé que no va a cumplirse: quiero que venga una hada mágica agitando su varita rosa y que me envuelva en una nube de purpurina para teletransportarme a mi casa en un segundo.

Quiero estar en casa.

Quiero estar en mi habitación.

Quiero estar dentro de mi cama.

Quiero oscuridad y silencio.

Entreabro los ojos, muy poquito. No estoy en casa.

Estoy dentro de un ruidoso tren donde hay un niño que con sus lloros está taladrando mi cerebro.

El tren me lleva desde la facultad de Biología a mi casa. Son las once de la mañana.

Tengo 25 años y me doy cuenta de que voy a perderme otra vez varias clases por una puñetera migraña.

Otro día perdido.

Otra vida perdida.

Pero eso ahora mismo me importa poco.

Solo quiero llegar a casa.

Solo quiero que deje de doler.

Las crisis aparecen con más precisión que un reloj suizo. Tres veces a la semana, cada semana. Alguna semana especialmente estresante el número sube a cuatro.

Todo comienza con la aparición de unas estrellitas blancas en mi campo visual, unas chispitas de luz que me advierten de lo que vendrá después. Y lo que viene después es uno de los dolores más fuertes que uno puede soportar. O eso creo yo.

Una migraña.

Un destornillador imaginario que se clava con fuerza en mi sien izquierda y alcanza el centro de mi cráneo.

Con cada curva que toma el tren, con cada bebé que grita, con cada persona que habla, ese destornillador se clava más y más profundamente.

Además, me acompaña una náusea constante, pese a que no vomito, y me duelen muchísimo los hombros. Un mareo pone la guinda a este pastel de síntomas.

Intento recordar qué he comido, qué tiempo hace hoy o qué he podido hacer mal para despertar a la bestia. Ya no sé cuál es el interruptor, cuál es el desencadenante del dolor que tiene secuestrada mi vida. Estoy perdida.

No me importa faltar a las clases, estoy acostumbrada. Ya pediré los apuntes a alguna amiga, pero ¿cómo voy a poder mantener un futuro trabajo en estas condiciones? ¿Voy a poder crear una familia? ¿Podré ser madre alguna vez y cuidar de un bebé?

Como tantas otras veces, deseo morirme. Tener una guillotina a mi lado y la valentía para tirar de la cuerda. Debo confesarte que alguna vez he abierto una ventana y he mirado hacia abajo desesperada cuando tenía un pico de dolor.

Pero aún me quedan treinta minutos de trayecto en tren, hacer un trasbordo y otros treinta minutos en metro hasta poder llegar a la calma y la seguridad de mi cama.

Es solo una hora.

Para mí es como una vida entera.

Entonces comienzo a sentir una fuerte presión en el centro del pecho, como si alguien tuviera su puño en él y apretase con fuerza.

Empiezo a oírlo todo de forma lejana y distorsionada. Mis sentidos procesan la realidad como si estuviera dentro de un sueño. Mi visión se vuelve túnel y no percibo nada que se encuentre en los laterales.

Siento cómo la respiración se acelera y se vuelve superficial.

Es mi amiga la ansiedad.

Aguanto.

Me he tomado varios analgésicos, pero hoy no encuentro alivio en ellos. Las pastillas no quieren hacer hoy su trabajo.

De repente, todos mis músculos se endurecen a la vez y se me corta la respiración.

Me ahogo.

Me empiezo a encontrar mal. Muy mal.

Esto es nuevo.

No he tenido esta sensación nunca, pese a que he experimentado casi todos los síntomas leves que pueden derivarse del estrés, la ansiedad o vete tú a saber qué.

Creo que me estoy muriendo.

Eso me aterra.

Siento como si un gigante me abrazase fuerte. Mi cuello, hombros y abdomen están duros como una piedra y me comprimen los pulmones.

¡Me estoy ahogando!

Pierdo el control de mis músculos y comienzo a temblar. Como si sufriera párkinson generalizado. Se me descuelga la mandíbula. ¿Esto es lo que siente la gente que se droga?

Pero yo no me drogo. Solo me acabo de tomar un relajante muscular pautado por mi médico.

Tengo miedo.

Me siento sola.

Llego a la estación y me arrastro hasta el metro mientras todo el mundo me mira.

No sé muy bien cómo, pero consigo llegar a casa.

Agotada y dolorida, me desplomo en el sofá.

Mi perro viene a saludarme, pero no le hago caso.

No sé qué me pasa.

Como mi contracción muscular generalizada es tan fuerte decido tomarme otro relajante.

Estoy acostumbrada a automedicarme. Las farmacias son mi segunda casa y combino con habilidad diferentes tipos de analgésicos, protectores gástricos y un largo etcétera de pastillas.

Decido aumentar la dosis del relajante.

Error.

Un error de los gordos.

Empeoro rápidamente.

Solo más tarde me entero de que estaba sufriendo un fuerte efecto secundario a ese relajante muscular.

Llamo a una ambulancia y a mi padre, que llega en unos minutos.

Siempre está cuando lo necesito.

Encierro a mi perro, que no para de ladrar, en una habitación y abro la puerta de la calle.

La dejo abierta porque no sé si cuando llegue la ambulancia voy a estar consciente. O viva, porque tengo dificultades serias para respirar.

Me llevan al hospital.

Con cada curva, con cada bache que toma la ambulancia me duele hasta el alma. El ruido de la sirena sigue oyéndose lejos. ¿Estaré soñando?

Llegamos al hospital y me sientan en una silla de ruedas en Urgencias.

No me quejo, pero por dentro siento que algo se está rompiendo. Además, la migraña sigue ahí.

El personal sanitario me mira con ojos paternalistas y me ignoran un poco.

Creo que piensan que estoy teniendo un mal viaje y que estoy drogada.

Ya no aguanto más. Paro a una enfermera dispuesta a escucharme y le explico brevemente lo que me sucede.

Me meten enseguida en un box y me inyectan un antídoto.

Vuelvo a respirar.

Mientras estoy en la camilla me hago una promesa.

Quiero ser feliz.

Estoy harta, cansada, deprimida y exhausta. No se me ocurren otros sinónimos que reflejen mi hastío por estar siempre enferma y triste.

He tocado fondo.

Mi vida es un sinsentido en donde no me suceden cosas graves, pero siempre hay un síntoma, un drama, una nube negra que me impide ver el sol.

En cambio, mi novio (y actual marido) es la antítesis. Él es feliz y nunca tiene un problema de salud.

¿Por qué no puedo ser yo así?

Me dan el alta y vuelvo a casa.

Varias veces al día debo administrarme el antídoto. Cuando se acerca la hora vuelven a aparecer los temblores y la angustia.

A los pocos días todo vuelve a la normalidad.

A mi normalidad de migrañas, contracturas, vértigos, mareos, náuseas, descomposición, angustia y ansiedad.

VUELTA A LA RUTINA

Hoy vuelvo a la universidad y **quiero cumplir mi promesa. «Voy a ser feliz, no me voy a estresar y voy a disfrutar del día sin dolor»**, pienso mientras espero a que llegue el tren.

Escucho el pitido que avisa el cierre de las puertas del

vagón.

Entro rápidamente y mis hombros se tensan de forma exagerada.

¿Otra vez? Pero si hoy no me he tomado el maldito relajante muscular...

Me ahogo.

Me bajo corriendo en la siguiente parada.

Mis músculos se relajan y me encuentro mejor.

¿Pero qué leches me pasa ahora?

Mis buenas intenciones no han durado ni dos horas desde que desperté.

Cojo el tren de vuelta a casa. Lloro.

No quiero volver a la universidad jamás. No quiero coger ese maldito tren que me altera.

No sé cómo solucionarlo.

No quiero solucionarlo.

Solo quiero quedarme en mi habitación llorando.

Al cabo de una semana, mi madre me dice que esa misma tarde tengo cita con una psicóloga de la que le han dado buenas referencias.

No pienso ir.

No sé qué me va a decir, no quiero hablar. Solo quiero quedarme en casa para el resto de mi vida. Quiero que me dejen en paz.

Sin embargo, voy. Mi madre me ha obligado a acudir a la cita y le estaré eternamente agradecida.

Me encuentro ahora en la sala de espera de la psicóloga y por los altavoces se escucha: «Séfora, diríjase a la consulta número 3».

Entro a la consulta sola. Es un espacio minimalista,

blanco y bonito. Huele de maravilla.

Se lo digo a la psicóloga, que me responde con un «uhmmm». Deduzco que es una estrategia profesional para evitar implicarse antes de evaluarme.

No me gusta estar aquí. Me genera ansiedad y me sudan las palmas de las manos.

«¿Por qué has venido a verme?», me pregunta la psicóloga.

Le explico lo que me sucede cada vez que entro en el tren.

Me dice que va a realizarme una prueba para conocerme mejor y analizar cómo gestiono las emociones.

«Es un cuestionario largo, y tardaremos dos sesiones de una hora en acabarlo, no te preocupes», me advierte.

Esta chica no me conoce. A los cuarenta minutos ya había finalizado el cuestionario con preguntas repetitivas y contradictorias para cazarme si miento.

«En la próxima sesión compartiré contigo los resultados», me adelanta.

A la semana siguiente vuelvo a estar en la misma sala, esperando intrigada los resultados.

Entro por segunda vez a la consulta y me explica con detalle que he desarrollado una fobia al tren debido a la situación vivida.

«Esto sucede por tu manera de gestionar lo sucedido. Necesitas tener el control en todo momento y ese día lo perdiste», me informa.

Eso, que ahora comprendo con total claridad, fue para mí todo un descubrimiento.

La psicóloga saca un papel con los resultados de la prueba y comienza a enumerar toda mi basura emocional acerca de cómo gestiono lo que me sucede.

«Eres controladora, exigente, estricta...», señala, junto con un gran listado que me duele y me hace darme cuenta de que tengo que hacer algo y resolverlo por mí misma, ya que ninguna pastilla va a arreglar aquello.

Me doy cuenta de que ha llegado el momento de hacer algo que llevan toda la vida diciéndome: «Tienes que cambiar, no te puedes tomar las cosas así».

Ha llegado el momento de cumplir la promesa de ser feliz que me hice mientras estaba en Urgencias. Esto implica hacer una de las cosas más difíciles que he hecho jamás: cambiar.

2.
¿QUÉ ES LA MIGRAÑA?

2.1. LA MIGRAÑA NO ES UNA ENFERMEDAD

En España y los países occidentales, el número total de personas que sufren migraña es de alrededor del 12 % de la población, así que no estás solo en esto. De ese porcentaje, el 17 % son mujeres y el 7 % son hombres.

La migraña puede aparecer a cualquier edad, aunque en la mayoría de los casos el primer episodio ocurre en la adolescencia. El 90 % comienza antes de los 40 años.

Es el tercer trastorno que más prevalece y la octava causa de incapacidad en el mundo. No estás solo en esto.

Y la mayoría de las personas que la sufren me contactan diciendo: «Sufro migraña, una horrible enfermedad». No es cierta ni una cosa ni la otra.

Por eso quiero comenzar este capítulo recomendándote encarecidamente que, si aún no lo has hecho, acudas a un profesional sanitario cualificado que te evalúe y te diagnostique de forma correcta.

Si tu médico no responde a tus demandas o no comprendes lo que te explica, busca una segunda opinión.

En España existen siete derechos de los pacientes, entre los que destacan dos:

- derecho a la información asistencial: tienes derecho a recibir información tanto de alternativas de tratamiento como de los riesgos que conlleva el mismo.
- derecho a una segunda opinión médica en la sanidad pública: cuando no estés conforme con el diagnóstico o con el tratamiento pautado por el profesional asignado.

Una vez que tu médico ha descartado cualquier patología, cuyos síntomas pueden confundirse con los de la migraña, y ha descartado cualquier origen físico, es probable que recibas un diagnóstico que incluye una palabra lapidaria que marcará para siempre el desarrollo del proceso: «Tienes migraña, una enfermedad para toda la vida».

Ya te adelanto que eso no es correcto.

En el mundo sanitario, la guía utilizada como referencia para el diagnóstico y definición de la migraña es la Clasificación Internacional de las Cefaleas, elaborada por la International Headache Society (IHS). Podrás encontrar el enlace web a esta guía traducida al español en la bibliografía localizada en las últimas páginas de este libro o en https://www.ihs-headache.org/.

La IHS que elabora esta guía de referencia en el mundo sanitario es una organización internacional, que trabaja en beneficio de las personas afectadas por trastornos de dolor de cabeza, con el propósito de concienciar y educar acerca de los dolores de cabeza en todo el mundo.

En la guía se indica que **«la migraña es una cefalea**

primaria frecuente e incapacitante». Ni rastro de la palabra «enfermedad».

Una cefalea primaria quiere decir que el dolor de cabeza es en sí el problema y que no es el síntoma indicativo de que algo grave lo provoca, especialmente si hace muchos años que sufres migraña y tras la inspección médica no han encontrado ninguna alteración responsable.

O sea, que no hay ninguna lesión ni causa física que origina el dolor de cabeza.

La migraña, pues, no es un síntoma oculto de que algo grave y mortal te acecha a la vuelta de la esquina. Probablemente, después del chequeo médico te dijeron: «No tienes nada grave ni mortal, es solo una migraña», ¿verdad? (Puedes leer las palabras «solo una migraña» con tono de indignación :/).

Además, en la bibliografía médica existente puedes leer las indicaciones que debe darse al paciente: «El primer paso del tratamiento consiste en explicar al paciente que el proceso, aunque doloroso e incurable (este último aspecto debe quedar muy claro) es benigno y tratable».

Tras este primer contacto erróneo y devastador de la migraña, en el que te han dicho que es una enfermedad de por vida, es normal acabar hundido y ni tan siquiera buscar una solución. Me alegro de que tú no te conformaras con esto.

¿QUÉ ES UNA ENFERMEDAD?

La definición oficial de enfermedad dice: «Alte-

ración o desviación del estado fisiológico en una o varias partes del cuerpo, por causas en general conocidas, manifestadas por síntomas y signos característicos, y cuya evolución es más o menos previsible».

Lo que nos interesa es la primera parte en la que dice: «Alteración o desviación del estado fisiológico». Esto quiere decir que hay una alteración de nuestras condiciones fisiológicas, por ejemplo, un cambio en el número de leucocitos, una bajada en la presión sanguínea o un aumento en el ritmo cardíaco.

Hay un número que cambia, sea este número medible, comparable y que podamos clasificar con parámetro o no de normalidad para poder etiquetar como enfermedad aquello que no lo cumpla.

Pero esto no sucede en el caso de la migraña.

Cuando un paciente de migraña consulta a su médico por primera vez en busca de diagnóstico, no le realizan un análisis de sangre, no hay rayos X o un aparato que mida algo de su cuerpo, que le proporcione un número y que le sirva al doctor para mirar una tabla y decir: «Le sale un cinco, tiene usted migraña». Y esto es porque la migraña no es una enfermedad.

Es comprensible que en los casos de migrañas recientes (en los casos de migrañas que se presentan desde hace décadas no tiene sentido) se realicen pruebas de radiodiagnóstico con el objetivo de descartar una causa física reciente responsable del fuerte dolor de cabeza, pero esta prueba no sirve para diagnosticarla, sino para descartar otras patologías.

Es imposible que tengas una lesión cerebral grave desde hace décadas, porque entonces habrías presentado muchos otros síntomas y, probablemente, ya no estarías vivo.

Así, el médico, para obtener la información que necesita, te hará un montón de preguntas del estilo:

- ¿Es tu dolor pulsátil como un latido?
- ¿Hay antecedentes de migraña en tu familia?
- ¿Cuántas veces a la semana sufres estos dolores de cabeza?
- ¿Tienes náuseas o vómitos?

Las respuestas a estas preguntas le servirán a tu médico para identificar y clasificar los síntomas que sufres.

Así pues, si la migraña no es una enfermedad, ¿qué es?

La definición que mejor encaja es la de síndrome, es decir, un conjunto de síntomas entre los que destaca la cefalea, el dolor de cabeza.

"

TESTIMONIO

Sandra Arbeláez

37 años. Cali (Colombia)

Mis migrañas eran con aura, vómitos, dolor intenso y sometimiento de alguna de mis extremidades o mi cara. Mis días ahora son muy felices y libres porque encontré respuestas que jamás había escuchado y que tú puedes leer ahora y que me libraron de mis miedos, angustias y temores dándome seguridad de que no estoy enferma y que yo puedo transformar mis pensamientos y emociones. Hoy estoy muy bien, sin una pizca de dolor y con la alegría de vivirme sana. Porque migraña nunca será enfermedad y tampoco es eterna.

La migraña tiene como síntoma principal el dolor de cabeza junto con la sensibilidad a la luz y al ruido, y se subdivide en dos tipos principales: con aura y sin aura. Aunque esto es solo una clasificación. También hay unos síntomas a los que no se suele hacer alusión, pero que yo he comprobado que se presentan en la mayoría de las personas que sufren migraña: contracturas, molestias cervicales, bruxismo (apretar los dientes), mareos y problemas estomacales (descomposición, reflujo y úlceras).

Comencemos por el principal síntoma de este síndrome: el dolor de cabeza.

La migraña no una enfermedad. Es un síndrome, cuyo principal síntoma es el dolor de cabeza de carácter primario, es decir, es el problema en sí y no indicativo de un daño o lesión grave cerebral. Si tienes dudas sobre su diagnóstico y síntomas acude a un profesional sanitario que descarte otras patologías y realice un diagnóstico correcto.

2.2. SÍNTOMAS DE MIGRAÑA

2.2.1. DOLOR DE CABEZA

Una cefalea es un dolor de cabeza que afecta a la parte superior del cuerpo y que muchas veces nos invalida por completo.

Parece que cuando nos duele un brazo podemos funcionar con más o menos normalidad, pero un dolor de cabeza de tipo migrañoso nos inutiliza el cuerpo entero y nos incapacita para poder llevar a cabo las acciones diarias, ya sean laborales o personales.

El dolor migrañoso tiene las siguientes características:

- Unilateral: habitualmente, la migraña suele ser hemicraneal y afecta a uno de los dos lados de la cabeza, que no tiene por qué ser el mismo, aunque suele repetirse.
- Pulsátil: el dolor parece un latido pulsátil que se repite con una frecuencia constante. Se suele pensar, entonces, que se debe a un factor sanguíneo, al ritmo cardíaco que determina el latido constante en la sien. Pero no es así. Que tenga esta característica pulsada no quiere decir que esté asociada a la circulación, sino que es una característica de este dolor. Si quieres comprobarlo por ti mismo, en la próxima crisis cierra los ojos y observa este martilleo constante y su frecuencia. Una vez identificada su frecuencia, salta durante treinta segundos para acelerar tu ritmo cardíaco (sé que duele) y cierra los ojos de nuevo para observar que el latido en la sien tiene exactamente la misma frecuencia que antes de saltar.
- Dolor moderado o severo: es un dolor real. No

permitas que nadie te diga que el dolor es inventado o fingido. Las guías internacionales así lo demuestran. Duele y mucho. La prevalencia de depresión es mucho más alta en personas que sufren migraña (especialmente si es con aura), debido al intenso dolor y a los efectos adversos de la medicación; algunas personas llegan, incluso, a pensar en el suicidio. Así que sí, duele de verdad.

- Empeora o condiciona el abandono de la actividad física: el dolor de migraña tiene como objetivo el recogimiento, que dejes de moverte y te apartes de la tarea que estás realizando o vayas a realizar, aunque ya verás más adelante que no es aconsejable hacerlo, siempre dentro de tus posibilidades.
- Duración de entre cuatro y setenta y dos horas: según mi experiencia, las crisis más largas de setenta y dos horas, el llamado estatus migrañoso, son debidas a una resistencia emocional al dolor, que es totalmente entendible. Quieres que se marche ya y te bloqueas, lloras y te desesperas generando un torrente de adrenalina y cortisol que añade un puñado de horas a la crisis de migraña, o es debido a que el proceso se ha fijado y cronificado con crisis de varios días.

El dolor de cabeza de tipo migrañoso es unilateral, pulsátil, moderado o severo y empeora o condiciona el abandono de la actividad física. Tiene una duración de cuatro a setenta y dos horas.

Añadiría, además, que puedes diferenciar la migraña de una cefalea tensional con más facilidad porque el cuerpo te demanda reclusión, tranquilidad y estar a solas y sin luz ni ruido, cosa que no sucede de la misma forma con otras cefaleas. Aunque tú no lo hagas y continúes con las actividades laborales y personales, lo que te pide a gritos el cuerpo es descansar y huir. Además, recuerda que el dolor de migraña es pulsátil y acompañado de sensibilidad ambiental, mientras que el dolor de la cefalea tensional es más bien una tirantez o presión.

Sin causa física que la provoque, la cefalea tensional (y el resto de los síntomas asociados que te he citado) tienen que solventarse de la misma manera que la migraña, tal y como irás viendo en las siguientes páginas.

El dolor de cabeza debido a la cefalea tensional es una sensación de tensión o presión en la frente, en los laterales o en la parte trasera de la cabeza, sin sensibilidad ambiental y no tan incapacitante para llevar a cabo las tareas diarias como puede ser una intensa migraña.

Cuando tienes las primeras crisis de migraña «de las gordas», es muy habitual estar aterrado pensando en todo lo horrible que puede estar pasando dentro de tu cabeza, enfermedades graves que acabarán contigo en estado vegetativo, pero te recuerdo de nuevo que la migraña es una cefalea primaria y no es indicativa de una lesión.

Para comprender más en profundidad este aspecto voy a explicarte dos aspectos básicos acerca del dolor:

- Más intensidad de dolor no significa más cantidad de daño.
- Cómo es posible la generación de dolor sin daño o lesión tisular.

"

TESTIMONIO

Mercedes Álvarez

23 años. Ciudad Real (España)

Las emociones y dónde fijamos nuestra atención influyen mucho en nuestro estado mental, y más teniendo migraña. Quiero poner un ejemplo. Un día que me encontraba de viaje con un fortísimo dolor de cabeza, fui a visitar un castillo con mucha naturaleza y, ¡zas¡, me mordió una serpiente. En ese preciso instante mi migraña se fue y así se mantuvo todo el día. Mi atención se centró más en la serpiente que en el dolor y ¡desapareció! ¡Así que la migraña no es una enfermedad! Si tuviera la gripe y me mordiera una serpiente, seguiría resfriada. También quiero expresar que se pierde el miedo a tener hijos por la migraña, puesto que estas no se pueden heredar. En mitad de mi proceso de cambio me quedé embarazada y mis migrañas ya habían desaparecido. ¡No tengo crisis a pesar de estar embarazada! Antes tenía crisis todos los días, durante dos años. Perder el miedo es primordial y sí se puede conseguir una vida sin dolor cambiando los pensamientos y gestionando las emociones. ¡Sí se puede!

MAS INTENSIDAD DE DOLOR NO SIGNIFICA MÁS DAÑO

La intensidad del dolor no siempre se rige por la cantidad de daño. Es obvio que duele más darte un martillazo en el dedo gordo de la mano que un pellizco, pero eso no siempre así.

Hay muchos más factores que influyen en el proceso, y esta visión de que no es necesario que haya un daño para sentir dolor fue planteada y estudiada por Ronald Melzack, junto con Patrick Wall, con sus estudios sobre miembros fantasmas, teoría de la puerta de entrada medular y neuromatriz del dolor.

El síndrome de los miembros fantasmas es un conjunto de sensaciones (picor, dolor, calor…) que sienten más del 50 % de las personas que han sufrido una amputación. Es decir, les duele una pierna que ya no tienen. Así, se puede comprender fácilmente que estas personas no fingen su dolor, que este es real y se origina en el cerebro y no en la zona en la que hay lesión (o puede que no la haya).

En el caso de la migraña, como ya he descrito, hay dolor, pero no hay lesión que la origina, es una construcción cerebral la que activa el dolor.

La teoría neuromatriz del dolor señala que hay un conjunto de áreas cerebrales que determinan la activación y generación del dolor. Efectivamente, el cerebro decide con la información que recibe si activa o no el dolor. La neuromatrix está formada por tres áreas:

—Componente sensorial-discriminativa: donde se estudia la intensidad y la localización del daño realizado.

—Componente afectivo-emocional: donde se generan las emociones que implican el dolor. No aparecen las mismas emociones si se tiene dolor un día que si se lleva diez meses con él.

—Componente cognitivo-evaluativo: donde hay un aprendizaje del dolor para no repetir la misma experiencia dolorosa.

De esta manera, hay muchos factores que influyen en la activación del dolor, como el aprendizaje, la cultura o las características temporales. Tu cerebro «decide» si activar el dolor o no y en qué cantidad hacerlo.

El cerebro es un sistema activo que recibe, selecciona, filtra y modula las señales recibidas antes de emitir el dolor.

Seguro que has visto muchas veces en televisión a personas de otras culturas en procesión adorando a su divinidad y que, cual faquires, atraviesan su cara con agujas y se dan latigazos con cuerdas llenas de pinchos. Estos creyentes no sienten dolor porque están convencidos de que su Dios los protege.

Los aspectos culturales y aprendidos acerca del dolor condicionan tu respuesta y sensibilidad al dolor.

Si desde pequeño tu madre te ha dicho que no te subas a un árbol porque puedes caerte y hacerte lesiones graves, si tu padre siempre se alarmaba cuando te hacías un mínimo corte y la sobreprotección de tu familia no conocía límites, probablemente el dolor, en tu caso, se activará con más facilidad.

En cambio, si te has criado o has trabajado en una granja al aire libre donde eran frecuentes los pequeños accidentes y se consideraba que un fuerte golpe en la pierna no era una excusa para dejar los quehaceres diarios, el dolor tardará más en activarse en tu cuerpo, puesto que el umbral y la tolerancia a este serán superiores.

Como bien dice el neurólogo Ramachandran, **el dolor es una opinión cerebral.** Si te golpeas el dedo meñique con la esquina de la cama (Dios, cómo duele eso, ¿verdad?), el dolor no se genera en el dedo del pie, sino que la señal viaja hacia el cerebro y con la información recibida decide si activar o no el dolor.

EJERCICIO:
AUMENTA TU UMBRAL DEL DOLOR Y RESISTENCIA

En nuestra sociedad actual se busca el máximo confort corporal: tener aire acondicionado, comer cada cuatro horas y dormir en superficies cómodas y mullidas.

Al contrario de lo que puede parecer, esto nos hace más frágiles y débiles que si nos expusiéramos progresivamente a situaciones climatológicas, alimentarias y físicas más exigentes, porque nuestro cuerpo está diseñado exactamente para eso. Además, las recomendaciones oficiales para las personas con migrañas pasan por llevar una rutina espartana de comidas, hábitos de sueño y personales, muchas veces imposible de cumplir y que, como sabrás, empeora el cuadro general.

Por ello, te propongo abandonar de forma progresiva tu rutina según tu disponibilidad y circunstancias personales, convenciéndote y repitiéndote que esto no va a ser un disparador del dolor. Por ejemplo:

- Come a diferentes horas e incluso aumenta el tiempo entre ingestas.
- Date una ducha de agua fría.
- No uses la calefacción en el coche.
- Camina siempre que puedas.
- Levántate sin despertador el fin de semana (no seas estricto con las horas dormidas).

ES POSIBLE TENER DOLOR Y NO TENER NINGÚN DAÑO

El neurólogo jubilado Arturo Goicoechea y autor del libro *Migraña. Una pesadilla cerebral* imparte unas excelentes jornadas sobre biología del dolor, que son de acceso libre y están dirigidas a personas que sufren migraña. Puedes informarte en su web https://arturogoicoechea.com/.

Arturo es el único neurólogo que sostiene un enfoque pedagógico para la gestión y enfrentamiento de la migraña y expone una teoría acerca de cómo **el dolor de migraña es un error evaluativo del cerebro.** Una activación del sistema neuroinmune que busca protegernos.

“

TESTIMONIO

Elena Hernández

50 años. Madrid (España)

https://www.correctoradetextos.es/

Padecí migrañas desde los veinte hasta los cuarenta años. Mis dolores eran fuertes e intensos, como un taladro que me traspasaba la cabeza, me anulaba y me obligaba a ingresar en Urgencias y tener que coger bajas laborales y renunciar a un montón de planes de mi vida diaria. Durante esos veinte años me sentí en una jaula y pensaba que la migraña era una «cruz» que debía llevar a cuestas y que me pesaba tanto como la mochila de piedras con la que caminaba gracias a las decenas de limitaciones impuestas por los neurólogos y que yo creí a pies juntillas: no sol, no viento, no dormir mucho, no dormir poco, no chocolate, no emociones intensas, no viajar, no llorar... Todo ello me llevó a un estado de ánimo cercano a la depresión al final de ese período.

Conocerme a mí misma gracias a una terapia maravillosa me ayudó a quitarme limitaciones, creencias y miedos. Y el libro del Dr. Goicoechea y su pedagogía del dolor fue la estrella que terminó de poner luz en mi camino de sanación completa. Una vez empecé a quererme solo necesité leer ese libro y comprender cómo funciona el dolor y el papel que el cerebro juega para saber con plena certeza que esa era la vía para terminar de resolver de una vez y para siempre el tema de las migrañas.

Escribiendo estas palabras aún me emociono de todo lo vivido, de todo lo aprendido, de vivir sin miedo, ligera, sin esa dolorosa carga. Con los brazos abiertos al mundo y los ojos brillantes. Gracias de corazón a personas como Arturo y Séfora por hacer esta labor tan importante que hace que tantas personas redescubramos la vida.

[Agradezco a Elena su testimonio y la corrección profesional de este libro].

Pues bien, yo asistí a las formaciones de Arturo, siendo ya exmigrañosa desde hacía más de una década, y este excelente profesional compartió con los asistentes un caso clínico que me dejó boquiabierta.

Un operario de la construcción de 29 años, sufrió un accidente laboral en el que pisó un gran clavo que atravesó el zapato de seguridad. Se podía ver cómo la punta del clavo perforaba la bota y se asomaba por el empeine, ¡ouch!

El hombre fue llevado de urgencia al hospital en donde entró mostrando muchísimo dolor e incluso tuvieron que anestesiarlo para poderle cortar el calzado y valorar una posible cirugía. Una vez que el operario estaba dormido en camilla, le cortaron el zapato y ¡sorpresa! No tenía ningún daño, el clavo ni le rozaba, puesto que se localizaba entre dos dedos del pie y no había ni una gota de sangre.

¿Acaso el hombre fingía su dolor? No.

¿Acaso tu finges tu dolor de cabeza? No.

El cerebro de ese hombre, con la información que recibía de la vista (un clavo le atravesaba el zapato), su experiencia laboral (otros compañeros que habían sufrido este accidente habían tenido que ser operados) y su experiencia personal (en su familia darían mucha importancia a los accidentes, por ejemplo), decidió activar la alarma con la intención de llamar la atención sobre el incidente para que hiciera algo, como, por ejemplo, extraerse el clavo o buscar ayuda. Increíble, ¿verdad?

Por otro lado, también hay algunas clases de daño que no cursan con dolor, como un tipo de infarto. Esto tiene muy malas consecuencias, porque la persona no es consciente de lo que le está sucediendo y no hace nada al respecto.

En el síndrome Marsili, cuyo nombre procede del apellido de una familia italiana, puesto que tres generaciones de esta familia no sienten dolor debido a una mutación mediante la cual sus nociceptores (sensores corporales que detectan estímulos mecánicos, químicos o térmicos y que transmiten toda esta información al cerebro) no funcionan correctamente. Esto es muy peligroso, puesto que el dolor puede ser una alerta que avise de un peligro, como, por ejemplo, al ingerir un alimento excesivamente caliente que podría provocar graves quemaduras. Por ejemplo, uno de los hijos de la familia Marsili, se rompió el codo tras una caída en bicicleta y no fue consciente de ello, siguiendo su ruta de 15 quilómetros forzando así peligrosamente su articulación.

El dolor tiene una función protectora: es una estrategia del cuerpo para que sobrevivas y te alejes de un peligro o potencial peligro.

Ese es el quid, puede ser un peligro, como aceite hirviendo, o un potencial peligro, como un clavo dentro de tu zapato que no provoca una herida. También pueden suponer un peligro potencial una reunión estresante, un trozo de chocolate o una discusión con tu hijo.

Ahí está la clave: la migraña consiste en una activación del dolor sin lesión.

La información sobre la activación y el funcionamiento del proceso doloroso es suficiente en algunos casos para desactivar las migrañas. De hecho, he entrevistado a varias personas que asistieron al curso de Arturo Goicoechea y leyeron su libro y han desactivado sus migrañas solamente al recibir la información adecuada sobre el proceso de la biología del dolor.

También conozco a personas que han dejado de tener migrañas solo leyendo mi blog *Vivir Sin Migraña* o mis publicaciones en las redes sociales.

¿Cómo es esto posible? ¿Cómo es posible que comprendiendo la información del proceso el dolor desaparezca? Pues porque no hay una lesión o alteración física dentro de tu cabeza, es un error evaluativo del cerebro, como bien enuncia el Dr. Goicoechea.

Ya te advierto que para la mayoría de las personas no es algo tan fácil, rápido y sencillo. En general, suele necesitarse más tiempo de integración, herramientas dirigidas y seguimiento personalizado. Pero la buena noticia es que **las migrañas pueden desaparecer de tu vida.**

La migraña es un tipo de dolor de cabeza cuyo origen no se debe a ninguna lesión física, sino que está condicionada por el aprendizaje, el conocimiento y la cultura. Por eso mismo, que puede ser reversible.

2.2.2. FOTOFOBIA, SONOFOBIA Y OSMOFOBIA

Además del dolor de cabeza, la migraña presenta otros síntomas que la definen. Uno de ellos es la fobia al sonido, a la luz y, en algunos casos, a los olores.

FOTOFOBIA

Una de las molestias más destacadas que aparecen junto con el dolor de cabeza es una **elevada sensibilidad a la luz, ya sea natural o artificial.**

Los migrañosos son unos adictos a las gafas de sol y muchas veces las utilizan en entornos oscuros o interiores, como tiendas o el metro.

La recomendación que sigo haciendo es «evitar evitar». Cuando nos ponemos gafas de sol, nuestro cerebro interpreta que está oscureciendo, como si se hiciera de noche, y deja de contraer la pupila. El uso constante de gafas de sol hace que no utilicemos con tanta frecuencia los músculos responsables de la contracción pupilar y estos se debilitan por falta de uso.

Además, el hecho de evitar exponernos al sol (como si fuéramos descendientes de una familia de vampiros) produce falta de vitamina D y problemas en el sueño y en los biorritmos.

Me gustaría citar, también, que el uso reiterado de gafas de sol se debe a que representan una excelente barrera con el mundo. Muchas veces utilizamos las gafas como una manera de evitar el contacto visual con el mundo: no me hables, no me mires, no te veo.

Queremos dejar de relacionarnos con el mundo y utilizar las gafas de sol es una manera socialmente aceptada de hacerlo.

Yo misma tengo los ojos muy azules y he pasado por esa etapa de depender obsesivamente de las gafas de sol, que nunca faltaban en mi bolso junto con un arsenal desproporcionado de pastillas. Ahora mismo ni siquiera tengo gafas de sol. En momentos puntuales utilizo gorras y no me expongo en las horas centrales del día. Situación que también ha experimentado mi hijo de 8 años, con los ojos claros como el agua.

Obviamente, si la intensidad de los rayos solares aumenta, tal y como sucede en la nieve, en el desierto o en el mar si vas a pasar un día de pesca en barca, sí debes protegerte y utilizar gafas de sol. Pero ¿es realmente necesario llevarlas puestas dentro de un centro comercial o dando un paseo al atardecer bajo una arboleda?

EJERCICIO:
AUMENTA TU EXPOSICIÓN LUMÍNICA

Debido al creciente uso de gafas de sol, su recomendación en períodos migrañosos y su utilización como barrera, es muy probable que te moleste de sobremanera la luz solar directa. Si, tras una revisión oftalmológica, no tienes ninguna alteración, fortalece de nuevo los músculos pupilares y muéstrate más:

- Exponte progresivamente a la luz solar. Cuando estés en el exterior (excepto en la nieve, mar o desierto), utiliza gafas de sol durante veinte minutos y expón tu ojo desnudo al sol durante los últimos veinte minutos. Amplía de forma creciente los tiempos de exposición directa.
- Practica el sunning: cuando tengas oportunidad y el sol no sea muy intenso (primeras horas de la mañana o últimas de la tarde), colócate con los ojos cerrados frente al sol y gira tu cuello de un lado a otro para dar a tu sistema visual un descanso y relaja el cuello mientras ejercitas la musculatura implicada. Abre de nuevo los ojos de forma gradual.

SONOFOBIA

Además de la sensibilidad lumínica, la **elevada molestia a los ruidos** define perfectamente otro «daño colateral» cuando tienes migraña.

«Baja la música, quita el volumen de la tele, habla más flojito» es una letanía que repetimos una y otra vez cuando estamos inmersos en una crisis y que, con el paso del tiempo, nuestro entorno familiar acaba integrando en sus rutinas. Otra de las frases más repetidas en muchos hogares es la siguiente: «No chilléis, que mamá tiene migraña».

Este tipo de expresiones también aparecen cuando no hay dolor, puesto que tenemos una elevada sensibilidad corporal. Al igual que lo expuesto en el punto anterior en relación con la sensibilidad a la luz, tenemos dos opciones: o evitar compulsivamente los ruidos o exponernos de forma progresiva a los estímulos para fortalecer nuestro sistema nervioso.

Yo recomiendo siempre la segunda opción.

Nuestra sensibilidad al ruido siempre va a ser muy superior que el de la mayoría de las personas, pero si evitamos la exposición al mismo, nuestra sensibilidad aumentará drásticamente.

Por ello, es mejor no evitar estar unos minutos en una cafetería ruidosa y huir, sino centrar la atención en la conversación, la infusión que te estás tomando e incluso focalizarte en otro sentido como el olfato.

Si, por ejemplo, tienes puesta música en casa, puedes subir el volumen dos puntos más de lo habitual y escucharla así durante veinte minutos. Después, vuelve a poner la música al volumen que te parece adecuado. No te fuerces, conoce tus límites y haz esto de forma consciente y progresiva.

De esta manera, observarás que tu resistencia a los estímulos auditivos será cada vez mayor, puesto que vivimos dentro de una sociedad en la que trabajamos fuera de casa, nos desplazamos y hay muchos estímulos externos que no podemos controlar. Nuestra burbuja vital debe hacerse más grande y no cada vez más pequeña.

Hazte más fuerte para no convertirte en la princesa del guisante, la protagonista de un cuento infantil que era incapaz de dormir porque bajo su colchón había un pequeño guisante.

OSMOFOBIA

Con menos frecuencia, la **repulsión frente a ciertos olores es un aspecto que aparece en algunas crisis** y que incluso llega a dificultar la ingesta de algunos alimentos, puesto que, de repente, nos repugna su olor y parece que pudiéramos detectarlo a kilómetros.

Es habitual que nuestra familia nos utilice para detectar comida en mal estado, ya que esta sensibilidad especial se presenta en todos nuestros sentidos.

Aplica de nuevo el enfoque anterior al rechazo a perfumes intensos, gasolinas o lacas, utiliza este conocimiento a tu favor.

Nebuliza un pañuelo de papel con un perfume muy intenso de olor vainilla o caramelo, por ejemplo, y ponlo en el punto más alejado de tu cocina mientras preparas el desayuno o sal del coche cada vez que tu pareja ponga gasolina y concéntrate en otro sentido, como la vista. Para equilibrar la sensibilidad olfativa exponte a los estímulos con el conocimiento de que nada malo va a pasar.

Además del dolor de cabeza, característico de las crisis de migraña, también se puede sentir fotofobia y sonofobia. Para evitar su aparición, reduce tu sensibilidad corporal a la luz y al ruido exponiéndote de forma progresiva y controlada a estímulos lumínicos y auditivos para aumentar tu burbuja vital.

2.2.3. NÁUSEAS Y VÓMITOS

Para poner la guinda del pastel, junto con el dolor, la molestia de la luz, ruidos y olores, también pueden aparecer náuseas o vómitos.

Los vómitos dificultan la gestión de las crisis, puesto que te debilitan, pueden deshidratarte y ponen en juego la correcta administración de medicación si la necesitas, ya que, si treinta minutos después de tomarte la pastilla vomitas, ¿debes tomártela de nuevo? Un riesgo del que es conveniente informarse bien.

En el entorno animal el vómito sucede cuando se tiene algo en el estómago que no está en buen estado, como comida podrida o un veneno, pero en el caso de la migraña no hay nada tóxico dentro de tus intestinos. Así que, de nuevo, aparece este enfoque de síntoma sin peligro real, sino potencial.

Mantener la calma e hidratarse parece que es la única solución en este caso.

Según mi experiencia, las personas que vomitan durante este proceso son personas que se callan con mucha frecuencia.

Aguantan malos comentarios de jefes y se sienten muy ofendidos tras el último encuentro con su suegra, por ejemplo. Sin embargo, cuando estas personas exponen directamente que no les gusta el tono en el que les han hablado o al llegar a casa escriben una carta con todo lo que habrían dicho a su superior, consiguen evitar los vómitos al desaparecer esas sensaciones de «tragarme mis palabras».

Lo ideal es no generar ese sentimiento de ofensa, enfado y de intolerancia, pero si surgen esas emociones la mejor opción es liberarlas por escrito o incluso golpeando un cojín, ya que nuestro reactivo cuerpo expresará aquello que hemos callado.

¿QUÉ SIGNIFICAN ESTOS SÍNTOMAS?

Si miramos de forma holística (es decir, en su conjunto) los síntomas que acompañan a la migraña (la sensibilidad a la luz, al ruido y a los olores fuertes), vemos que tienen un sentido que va más allá.

No quiero ver, no quiero escuchar, no quiero oler ni comer y me cuesta digerir lo que me rodea. El mundo me satura y quiero abstraerme de él. **No me hables, no**

quiero verte y no quiero hacer nada más que estar tranquilo.

¿Tiene sentido esto para ti?

¿Te ves saturado a veces por la gestión de tu entorno, de las relaciones sociales o de las dificultades de tu día a día?

Esto debería ser suficiente para que empieces a entrever cuál es el origen de estos síntomas, por qué aparecen y qué intenta decirte tu cuerpo acerca de cómo está funcionando tu mente. «Apaga la mente, apaga el cuerpo y vámonos a casa, que ya no podemos más», parece que te estuviera diciendo de forma subliminal tu migraña.

Posteriormente, y con el paso de los años, empiezas a comprobar que no hay situaciones concretas que activan tu dolor, debido a que el umbral del dolor ha disminuido mucho y el proceso se ha cronificado. Entonces, la activación del dolor ya es automática y comienzas a sufrir migraña un día cualquiera en mitad de tus vacaciones, por ejemplo.

La migraña se caracteriza por un fuerte dolor de cabeza pulsado, además de por fotofobia y sonofobia como activación de un peligro imaginado que pretende alejarnos de nuestra vida para no ver, no oír ni pensar nada debido a una saturación por la gestión de lo que nos rodea.

2.2.4. AURA

Sufrir aura hace que tu migraña se clasifique como migraña con aura o clásica.

El aura es un episodio recurrente de varios minutos de duración con síntomas sensitivos o del sistema nervioso central unilaterales, transitorios y visuales que se desarrollan progresivamente y suelen preceder a una cefalea y a síntomas asociados a migraña.

El término «suelen» nos indica que no siempre tras el aura aparece el dolor. Eso es algo que desconcierta a muchas personas y por lo que recibo decenas de consultas: «Tengo auras y luego no hay dolor, ¿eso es posible?». Sí, hay un tipo de migraña sin dolor, perfectamente definida e identificada, que consiste en sufrir los síntomas típicos de aura sin tener una crisis de dolor de tipo migrañoso a continuación.

También es posible que los síntomas de aura pueden comenzar después del inicio de la fase de dolor o seguir, aunque ya tengas la cefalea.

Los síntomas de aura pueden ser visuales, sensitivos, del lenguaje y motores, entre otros. Se desarrollan de forma gradual y luego aparece el resto de los síntomas en cascada. Suelen tener una duración de entre cinco y sesenta minutos, aunque los motores pueden prolongarse hasta las setenta y dos horas.

El aura visual es la más común, siendo su incidencia del 90 %. Pueden ser figuras en zigzag o líneas centelleantes, e incluso un punto ciego, llamado escotoma negativo, que elimina parte de tu visión.

Es normal asustarse mucho cuando tienes estos síntomas por primera vez, pero mantener la calma en esta situación es lo más indicado. Como vengo comentando, al igual que el resto de los síntomas de la migraña, no son un indicativo de que algo grave, mortal e inminente acecha, ni siquiera un ictus, como te detallo unos párrafos más adelante.

“

TESTIMONIO

E

31 años. Barcelona (España)

Mi experiencia con las migrañas empezó de repente con dos o tres episodios de migrañas semanales con aura, incluso muchas veces se repetían exactamente los mismos días de la semana. Busqué ayuda y me pautaron preventivos y medicación para el dolor sin mejoría. Cuando acudí a Séfora me encontraba en un momento de crisis donde, además, la ansiedad y el insomnio habían irrumpido en mi vida para desequilibrarlo todo. Después de seis meses trabajando este nuevo enfoque, junto con visitas a terapia, mis migrañas han remitido completamente. Parece increíble, ¡pero es cierto!, incluso es algo mágico y al principio no entiendes muy bien cómo lo has conseguido. En los primeros meses más de una migraña me hacía llegar al hospital desesperada después de días de analgésicos sin mejora, nunca salía de casas sin pastillas para el dolor, pensaba constantemente en la migraña y en cómo iba a afectar a algún viaje programado o incluso a mi trabajo. Sentía mucho miedo y ansiedad.

Pero, al echar la vista atrás, me he dado cuenta de que la curación ha venido gracias a trabajar la gestión de las emociones (tan intensas en mi caso debido a la ansiedad y al desajuste), a aceptar la migraña, a perder el miedo de que venga, a no temer al dolor y a que no limite tu vida. Hay pequeños cambios que tu cerebro va asimilando, ya que la información y la creencia que recibe son distintas. Creer y pensar distinto lo cambia todo; y sentirse acompañada y entendida ha sido clave en mi proceso de curación.

Un aspecto que me sorprendió sobre manera y que detecté en algunas de las personas con las que trabajaba, era que, si habían sufrido auras cuando eran jóvenes, pero no en su etapa adulta, cuando estas personas estaban en la fase final de curación y tenían muy pocas migrañas ya, las auras volvían a presentarse.

Más tarde pude observar cómo este hecho puede extrapolarse al resto de síntomas. Por ejemplo, si cuando tenías 15 años vomitabas mucho con tus primeras migrañas, pero es algo que no sucede ahora que tienes 50 años, por ejemplo, cuando estás llegando a las fases finales de curación vuelven a presentarse esos vómitos explosivos.

Cuando mis clientes me dicen: «Vuelvo a vomitar como cuando era joven», yo me alegro y aplaudo la aparición de este nuevo síntoma, lo que siempre provoca que mi interlocutor me mire con cara de sorpresa. Entonces les explico que durante el proceso hay que «desandar el camino». Así, celebramos que vomite de nuevo, puesto que esto acabará desapareciendo en breve junto con su dolor de cabeza.

Además de lucecitas, manchas y rayas parpadeantes, puede que notes hormigueos en la boca, la lengua, la mitad de la cara o notes pesadez en los brazos. Y qué decir de olvidar palabras sueltas o ser incapaz de recordar qué estabas haciendo.

Cuando aparece el aura, el cerebro asume que hay un peligro y activa la alarma, hay una sobrecarga de activación neuronal y se queda sin energía, por lo que surgen dificultades para generar señales. El sistema falla y se produce una depresión cortical, un apagón que acaba difundiéndose.

Si conoces el proceso y el miedo desaparece, no añadirás sufrimiento secundario (ansiedad, miedo, pensamientos negativos) al sufrimiento primario (crisis de aura y dolor). Te puedes imaginar que el cóctel químico que provoca el sufrimiento secundario añadido no es nada beneficioso para el proceso, ya que le estás dando el visto bueno a tu cerebro para piense que «algo malo está pasando y hay un fuerte peligro». Y eso es algo que tú puedes controlar activar o no.

El aura es un conjunto de síntomas transitorios frente a los cuales hay que mantener la calma, puesto que no son indicativos de un problema de salud más grave. Para estar más tranquilo, busca confirmación y diagnosis de un profesional sanitario cualificado.

"

TESTIMONIO

María Sánchez

29 años. Molins de Rei (España)

Mis migrañas aparecían siempre durante los fines de semana, ahora sé que era debido a mis altas exigencias en el trabajo. Primero aparecía el aura visual con distorsión de la mitad derecha de mi visión y luego seguía un dolor pulsátil durante horas. A las crisis de migraña se le sumaba la cefalea tensional diaria. ¡Tomaba más de sesenta pastillas al mes!

Entender y creer los conceptos teóricos sobre la migraña y la biología del dolor, salir a la calle en plena crisis, volver a hacer deporte y enfrentarme al miedo me cambió la vida: entendí cómo funciona mi cerebro, aprendí a frenar las auras, eliminé el sufrimiento añadido y celebré una fiesta al cumplir un año sin migrañas ¡a la que Séfora asistió!

EJERCICIO: RESPIRA

Cuando veas que los síntomas de aura comienzan a aparecer, intenta mantener la calma y frenar los pensamientos negativos recurrentes. Para oxigenar el cerebro, tranquilizarte, alejar el miedo y tener una actitud más racional que no empeore los síntomas realiza inspiraciones completas:

- Busca un sitio cómodo y siéntate o túmbate. Utiliza ropa cómoda o afloja botones y cinturones para que tengas movilidad en cintura y abdomen.
- Pon una mano en tu ombligo y otra sobre tu pecho.
- Toma una inspiración lenta y profunda por la nariz llevando el aire hacia el ombligo; la mano que tienes allí situada debe subir. Observa que no debes elevar los hombros.
- Sigue tomando aire llevándolo hacia la zona de las costillas, que debe ensancharse.
- Continúa tomando aire hacia las clavículas sin levantar los hombros.
- La mandíbula y los ojos deben estar relajados.
- Cuando tu cuerpo así lo quiera, expulsa el aire por la boca, como si soplaras. Primero vacía el aire de las clavículas, luego de las costillas y finalmente del ombligo mientras los músculos de la zona abdominal se contraen.
- Mantente unos segundos con el pulmón vacío hasta que tu cuerpo te pida inspirar de nuevo.
- Repite esto como mínimo cinco veces.

SÍNTOMAS DE ICTUS

Voy a introducir ahora un factor que me parece muy importante, porque sé que aterra a muchas personas y que, de hecho, fue mi mayor miedo durante años en los que me preguntaba: «¿Me va a dar un ictus?».

Un ictus es una enfermedad cerebrovascular que sucede cuando hay menor o ningún flujo sanguíneo en el cerebro. Entonces, la sangre no llega en las cantidades necesarias y las células nerviosas no reciben oxígeno, por lo que dejan de funcionar.

Según la Federación Española de Ictus, los cinco síntomas que pueden indicar que estás sufriendo un ictus son:

1. Aparición brusca de dolor de cabeza.
2. Afectación brusca de la visión en uno o en los dos ojos.
3. Aparición brusca de problemas para hablar y entender.
4. Pérdida brusca del equilibrio y la estabilidad.
5. Pérdida brusca de la fuerza en brazo, pierna o ambos.

Si lees por encima estos síntomas, te quedas aterrado. ¡Se parecen muchísimo a los de una migraña! Pero vamos a analizarlos uno a uno para que compruebes por ti mismo cómo difieren enormemente.

1. Aparición brusca de dolor de cabeza. Cuando sufres migraña, la aparición de dolor de cabeza es brusca. Ahora no tienes, ahora lo tienes. Cuando dice «brusca» quiere decir un dolor insoportable de 0 a 100. Aunque alguna crisis puede ser así de rápida, lo habitual es que el dolor aumente de forma progresiva e incluso que aumente y disminuya durante el día. Así que las características del dolor son diferentes. Si hace años que sufres migraña, identificas perfectamente tu dolor de cabeza y siempre sigue los mismos patrones, así que no tienes por qué alarmarte. Tal y como comentaba, la migraña es una cefalea primaria, no indica que sea causante de otro problema más grave. En los casos de ictus, ese dolor suele presentarse por vez primera en la persona que lo sufre.

2. Afectación brusca de la visión en uno o en los dos ojos. Si sufres aura (síntomas visuales como estrellitas o luces previas a la crisis) o escotomas negativos (no ves en una zona delimitada), este síntoma puede alarmarte también, pero, al igual que el dolor de cabeza, es algo brusco, un síntoma nuevo y de una intensidad mayor.

3. Aparición brusca de problemas para hablar y entender. Cuando tienes migraña, es frecuente que te olvides de palabras sueltas y que se reduzca tu velocidad de pensamiento. Es habitual decir: «Pásame el ..., ay, el este, que no me sale», mientras que si sufres un ictus dices: «Camión yo, ghrrmm, cantar».

4. Pérdida brusca de equilibrio y estabilidad. Con la migraña, suele aparecer una fuerte tensión muscular en el tercio superior de tu cuerpo (hombros, cuello, mandíbula...) y esto, añadido al dolor y malestar general, facilita que no estés en tu mejor momento, pero recuerda el conjunto de los síntomas de ictus hablados hasta ahora. Un dolor insoportable que jamás has tenido, dejas de ver de golpe, no puedes comunicar un mensaje y te caes al suelo. Es diferente a lo que sientes cuando tienes migraña, ¿verdad?

5. Pérdida brusca de la fuerza en brazo, pierna o ambos. Cuando sufres migraña, la parestesia es algo que se siente, un fuerte cosquilleo en la cara, se te duerme un brazo. Pero cuando sufres un ictus, es frecuente que no puedas levantar un brazo o que la mitad de tu cara tenga un aspecto descolgado:

Así que, a modo resumen, cuando tienes un ictus estás muy desorientado, no tienes control sobre la mitad de tu cara, brazo y/o pierna, con lo que pierdes el equilibrio con facilidad mientras emites un discurso con palabras y sonidos sin sentido. Además, son síntomas que nunca antes has experimentado.

En cambio, cuando tienes migraña, empiezas con síntomas de aura (si la sufres), que probablemente desaparezcan cuando surge el dolor de cabeza, que es más o menos progresivo, y te cuesta recordar palabras sencillas.

Aunque cualquier persona puede padecer ictus, hay una serie de factores que aumentan la probabilidad de que los sufras: haber tenido un ictus recientemente, presión sanguínea elevada, fumar, padecer diabetes, sufrir una enfermedad cardíaca, ser obeso, tener los glóbulos rojos altos y ser un gran consumidor de alcohol y drogas. Y entiendo que estos factores no te describen.

Y, por último, quiero recordarte otra vez que la migraña no tiene un origen vascular, **no hay daño en tu cerebro** y por eso no hay ningún dato medible para el diagnóstico. Así que un ictus (también conocido como accidente cerebrovascular o embolia) y migraña son dos cosas diferentes.

La teoría del origen vascular procede de los estudios de Graham y Wolff en los años treinta. Estos autores comprobaron que la administración de ergotamina (un alcaloide vasoconstrictor) reducía la amplitud de las pulsaciones de la arteria temporal en los pacientes con una crisis de migraña y que este efecto se acompañaba a menudo, pero no siempre, de una disminución de la cefalea. A partir de esto, se gestó la teoría vascular de la migraña, que aparecía debido a la dilatación de las arterias extracerebrales.

Pero esta teoría no explica por qué no hay mejora en todos los casos, ni explica totalmente la naturaleza del cuadro ni su unilateralidad.

Frente a la duda, y como el tiempo de respuesta frente al ictus es clave, te recomiendo recibir asistencia médica y que te detallen personalmente los síntomas de ictus.

¿Te quedas ya más tranquilo? Espero que sí.

El origen y los síntomas del ictus son diferentes de los de una migraña. Para estar más tranquilo, confirma tus síntomas con un profesional sanitario cualificado y mira un vídeo acerca del aspecto de las personas que sufren un ictus.

"

TESTIMONIO

Rosabel Sánchez

50 años. Maleján (España)

He tenido migraña durante 35 años; probé de todo y sin resultados. Tenía veinte días de dolor al mes y tomaba mucha medicación. También sufría mareos, acúfenos, dolor en el cuello y espalda, pesimismo y tristeza todo el día.

Me emociono al ver que todo eso ha desaparecido y se ha cambiado por un optimismo y energía positiva que me llena de alegría. Algún día tengo algún «dolorcillo» (que no es migraña), que, al no darle importancia, enseguida desaparece sin hacer nada. Ignorar el dolor y no prestarle atención constantemente como hacía antes ha sido la clave. Ahora disfruto de la vida como nunca lo había hecho.

2.2.5. OTROS SÍNTOMAS

Tal y como te he descrito, la migraña se caracteriza por los dolores de cabeza pulsátiles, la fotofobia y la sonofobia y, en algunos casos, aura y vómitos.

Además, según mi experiencia, hay otros síntomas añadidos que no se identifican ni describen como parte de las migrañas, pero que se presentan en muchas personas que tienen crisis. Estos síntomas parten del mismo origen y, una vez solventada la migraña, también acaban desapareciendo, ya que también son síntomas sin lesión.

BRUXISMO

El bruxismo es esa costumbre involuntaria de rechinar y apretar los dientes, especialmente de noche. Provoca dolores de cabeza, mandíbula, cuello e incluso de oído.

Durante meses estuve automedicándome (algo que no debe hacerse) poniéndome gotas antibióticas para el oído porque pensaba que tenía una infección, cuando en realidad era una fuerte tensión muscular que hacía que el dolor se irradiara por toda la cara.

El bruxismo suele aparecer debido a la ansiedad y el automatismo muscular hacia la tensión. Se suele recomendar el uso de férulas para evitar el desgaste y rotura de piezas dentales, pero, obviamente, esto no soluciona el problema en su origen ni evita su aparición.

Meditación, relajación muscular y cambio de pensamiento es el único trío ganador que te hará eliminar el bruxismo para siempre.

Metafóricamente, siempre digo que el cerebro de la persona que sufre migraña es como un Ferrari. Un coche deportivo de alta gama que puede pasar de 0 a 200 kilómetros en siete segundos. Nuestra mente se acelera a la misma velocidad, puesto que tenemos un procesamiento muy profundo de la información, por lo que hay que aprender a conducirlo para no tener siempre el pie puesto en el acelerador hasta quemar el motor.

Con el paso del tiempo y la práctica aprenderás a no

acelerar tanto, a desviar el volante y cambiar de marcha sin problemas, pero un Ferrari siempre es un Ferrari y, de forma muy puntual, aunque ya sepas conducirlo y no tengas migrañas, vas a tener alguna contractura o cefalea tensional aislada, o un día puedes despertarte con la mandíbula tensa, como a mí me sucede. Pero el cuerpo aprende a no activar la alarma de las crisis migrañosas cuando dominas la conducción.

Una cosa es levantarte una mañana cada seis meses con tensión mandibular que desaparece antes de la comida y otro es un dolor crónico en cuello, dientes y cara que requiera la ingesta de relajantes musculares y uso de férula de forma continuada y vitalicia.

Aprende a conducir: medita, acude a un profesional que te enseñe relajación muscular y cada noche visualiza cómo te levantas con la mandíbula relajada.

"

TESTIMONIO

Mayra Ciuffo

45 años. Santa Fe (Argentina)

Yo padecía de migraña desde mis 14 años. Con los años se fueron cronificando, llegando a tener tres o más crisis por semana. Probé todo tipo de medicamentos para deshacerme de ellas. Durante semanas enteras tomaba antiinflamatorios para relajar sobre todo mi mandíbula y cuello, hasta que me di cuenta de que mi estómago quedaba destrozado y no conseguía mejoría. ¡Hasta probé con el aceite de cannabis! Probé con osteopatía, quiropraxia, acupuntura, reflexología, reiki y kinesiología, pero las crisis no disminuían. Desde hace diez años usaba una placa de relajación para descansar de noche. A pesar de ello, había días en los que me despertaba dura, debido a la tensión que ejercía en mi mandíbula.

Diez semanas después de comenzar a implementar las herramientas aprendidas, miro la cajita de mi placa de relajación que quedó en mi mesa de luz y me siento feliz de no necesitarla. La respuesta es simple: realizo a diario los ejercicios diseñados específicamente para no contracturarme y relajaciones progresivas, además de hacer meditaciones para relajarme. Aprendí muchísimo acerca de la biología del dolor y me sigo interiorizando con lecturas relacionadas. Nunca me resigné a «la migraña no tiene cura». Siempre busqué información. Mis crisis han disminuido drásticamente, pero sé que van a desaparecer por completo. El solo hecho de disfrutar veinticuatro horas del día sin dolor los siete días de la semana es un incentivo más que suficiente para lograr sanarme y dejar atrás ese «secuestro» en vida que significa la migraña.

MAREOS, CONTRACTURAS Y PROBLEMAS CERVICALES

Obviamente, estos síntomas tan genéricos pueden tener un origen multifactorial. Pero una vez que tu médico de confianza ha evaluado tus síntomas y tu historial y asegura que no tienes absolutamente nada, que es tensional y que debes tomarte las cosas de otra manera, ya sabes que el problema es el acelerador de tu Ferrari-cerebro particular.

Tener los hombros subidos, las mandíbulas apretadas y una intensa actividad mental y muscular provoca que con frecuencia tengamos molestos síntomas corporales, y debes ser consciente de que surgen debido a esta intensa actividad que tienes tanto de día como de noche.

Cuando consigas pisar el freno, observarás cómo todos estos síntomas, que no has podido eliminar durante años de masajes, acupuntura y medicación, también desaparecen. Es evidente que todo lo que hagas para aliviarte es muy necesario y ayuda en el proceso curativo, pero si no hay lesión ni origen físico de los síntomas todo parte de un cuerpo muy reactivo que responde como un rayo a una rectitud de pensamientos y preocupación.

Es maravilloso que recurras a terapias externas y otros tratamientos físicos, puesto que son una gran ayuda durante el proceso, pero no eliminarán definitivamente tus síntomas si no eliminas el origen, aunque te proporcionarán un alivio hasta que resuelvas todo el cuadro de síntomas.

Cuando flexibilizas tu mente, flexibilizas tus músculos.

Movimiento, jugar con la mente y relajación son de nuevo claves en este proceso.

Las **cefaleas tensionales** también entran en este

saco de síntomas no oficiales que, sin una base física, **tienen un origen de daño sin dolor provocando** múltiples contracturas (contracciones musculares reversibles) presentes en tu espalda.

"

TESTIMONIO

Montse Calpe

53 años. Hospitalet de Llobregat (España)

Empecé con mi amiga migraña (la considero mi amiga porque me ha enseñado muchas cosas, entre otras, a ser la persona que soy ahora) a los 8 añitos. Desde entonces, no recuerdo un día importante sin dolor: mi primera comunión, todos los años en mi cumpleaños, mi primer día de trabajo, el día de mi boda y así muchos. Como todos los migrañosos lo probé todo, pero nada funcionaba.

Hoy me considero exmigrañosa. Cuando descubrí este nuevo enfoque sobre la migraña, sabía que lo iba a conseguir, ignoraba cuánto tiempo tardaría y también sabía que el camino sería trabajar duro y fui a por todas. Le he dedicado tiempo y disciplina. Al principio parece que tu cerebro no te hace caso, pero con las repeticiones llega un día en el que notas cambios importantes.

En mi caso comencé a parar el «monstruo» de día, pero lo que más me costó fue pararlo de noche.

Me aparecía a las dos de la madrugada y me duraba cuatro horribles días.

Un día mi cerebro hizo clic en mi subconsciente gracias a un ejercicio de meditación y esa fue el comienzo hacia la VIDA; antes no era vida, era supervivencia. Además de eliminar las migrañas, ahora duermo como hacía años que no lo hacía, no tengo miedo al dolor y sé que está en mis manos frenar los pensamientos que muchas veces nos llevan al abismo. Cada vez que pienso lo que he conseguido me dan ganas de llorar de la alegría tan grande que tengo. Conocer a otros exmigrañosos a través del blog Vivir Sin Migraña, como la compañera Almudena, ha sido una gran ayuda. Ella ahora tiene un negocio de joyas y voy a encargarle una pulsera con la palabra «exmigrañosa» para recordarme en cada momento lo que soy.

3.
¿POR QUÉ APARECE LA MIGRAÑA?

Como ya hemos visto, una de las principales características de la migraña es el dolor. **¿Y qué función tiene el dolor? La de llamar nuestra atención sobre una situación que podría provocarnos una lesión.** Y ahí está la llave del proceso, en que «podría», un condicional que permite al dolor adelantarse al daño.

Es decir, si estás cocinando un revuelto de verduras y, por accidente, tocas el borde ardiente de la sartén te duele. Y te duele para protegerte, para decir: «Oye, hemos detectado un aumento de temperatura y si no haces nada vas a tener una fuerte quemadura en la mano». De hecho, en el caso de las quemaduras, la señal es inmediata.

El dolor es maravilloso porque nos mantiene con vida y a salvo. Recuerda el alto riesgo de sufrir lesiones graves de la familia italiana que no tiene dolor.

Pero, **en algunas ocasiones, el sistema no te advierte de un peligro real, sino de un posible peligro,** como el operario que había pisado el clavo o en el caso de la migraña.

¿Y de qué nos protege la migraña? De aquello

que nos disgusta, nos estresa y nos genera malestar.

Habitualmente, la migraña comienza en el período adolescente: un primer examen serio o una excursión nos incomoda y aparece un fuerte dolor con la intención de decir «peligro, eso no nos gusta, no tenemos el control y creemos que es mejor que nos quedemos en casa». De todo este proceso no eres consciente, nadie provoca su dolor de forma consciente.

Y entonces te pones muy enfermo antes del examen y tus padres te dicen: «Tranquila, hija, quédate en casa, ya recuperarás el examen». Y ese es el principio del fin, puesto que el cerebro aprende que con dolor hay evitación.

Lo que más perjudica a una persona con estas características es que lo que piensa y lo que hace no esté alineado. Por ejemplo, no soportas ir a casa de tu primo, pero vas. Entonces aparece la migraña con la intención de quitarte de la ecuación. Tienes entonces dos posibles soluciones para recuperar la coherencia: o no vas a casa de tu primo o cambias el pensamiento que te produce esa resistencia a ir, comprendiendo el comportamiento de esos familiares tan diferentes a ti.

El resto de la historia ya la conoces: el dolor y los síntomas van en aumento de forma paralela a las responsabilidades y eventos personales (el primer trabajo, la primera pareja, la universidad, la hipoteca…) y llega un punto de cronificación en donde el dolor se activa sin que haya un claro desencadenante, ya que el proceso se ha automatizado mientras te dicen que esto es para toda la vida y que no puedes hacer nada más.

“

TESTIMONIO

Montse

51 años, Barcelona (España)

Ojalá me hubieran explicado cuando era niña todo lo que se comparte en este libro. Me hubiera ahorrado muchos problemas y migrañas.

Cuando comenzaron mis primeros síntomas de migraña me hicieron todo tipo de pruebas e incluso me dijeron que podría tener esclerosis múltiple, ya que mis primeras migrañas fueron sin dolor de cabeza, pero con pérdida del habla y de la memoria.

He entendido que mi migraña se originó porque entre semana tenía mucho estrés profesional (miedo a no hacerlo bien) y personal (¿por qué esta persona me trata así si yo no le he hecho nada?). Durante mucho tiempo, los viernes por la tarde ya asumía que iba a estar todo el fin de semana en la cama a oscuras con un dolor absolutamente incapacitante. Y así estuve, sin entender nada… ¡durante treinta años!

Comprendí que las personas que tenemos migrañas somos más sensibles que otras personas y pensamos «demasiado y en exceso». Eso nos perjudica si no sabemos gestionarlo. Como consecuencia de ello, entendí que mi carácter hipersensible era incompatible con la empresa privada (soy licenciada en Derecho) y tomé la decisión profesional más importante de mi vida: ¡prepararme oposiciones!

Pero como la vida es como es… quince días antes de mi primer examen se murió mi madre, a la que adoraba y con la que tenía una relación muy estrecha… En fin, solo os puedo decir que seguí estudiando porque se lo había prometido a ella (con mucho esfuerzo, evidentemente), aprobé las oposiciones y ¡ni rastro de migraña!

La migraña busca en su origen alejarte de ese estímulo estresante para ti. Con el paso de los años el proceso se cronifica y agudiza y el dolor aparece sin necesidad de estímulo que te genere malestar.

4.
DESENCADENANTES

La lista de desencadenantes oficiales es larga. Te describo aquí los más habituales, que seguro identificarás con facilidad:

- Alimentos: quesos fermentados, salchichas (y otros ahumados con nitritos), col fermentada (chucrut), champiñones, extractos de carne, chocolate, cítricos, bebidas alcohólicas (especialmente, vino tinto), glutamato, aspartato, comida excesiva por empacho o ayuno durante varias horas.
- Estímulos ambientales: olores intensos (gasolina, tabaco, alquitrán, pinturas, perfumes, cosméticos), luces brillantes, sol intenso, cambios en la presión atmosférica o del viento, oscilaciones bruscas de la temperatura (frío o calor).
- Alteraciones del ritmo del sueño: trasnochar, dormir la siesta, levantarse más tarde (especialmente el fin de semana).
- Variaciones hormonales: menstruación, ovulación.
- Estrés psicofisiológico: ansiedad, exámenes, acon-

tecimientos imprevistos, viajes, banquetes o celebraciones sociales.

- Ejercicio físico inhabitual o excesivo.

Me gustaría resaltar que estos desencadenantes no son los mismos para todas las personas. Hay mujeres que sufren sus peores migrañas mientras están ovulando, mientras otras no tienen «influencia hormonal». Hay personas que tras tomar un sorbo de un zumo de naranja deben ir al hospital con una de sus peores crisis, mientras que a otras los cítricos no les hacen ni cosquillas.

Además, también hay diferencias interindividuales, es decir, un día dormir poco te da migraña, pero, oh, sorpresa, a la semana siguiente eso no sucede.

Visto así en perspectiva, tomando distancia y comparando, ¿no llega a ser un poco absurdo pensar que hay desencadenantes directos de migrañas?

En el ejemplo de dormir, según las fuentes oficiales, dormir mucho provoca una crisis, pero dormir poco también. Entonces ¿exactamente cuántos minutos hemos de dormir? ¿Todos los días lo mismo independientemente de nuestra actividad diaria? No tiene mucho sentido.

Siempre que tenemos dolor, hacemos una labor detectivesca: ¿qué he comido? ¿Qué tiempo hacía? ¿En qué momento del ciclo me encuentro? Y claro, siempre encontramos un culpable, porque siempre hemos comido, dicho o hecho algo diferente y entonces aparece el miedo: «Cada vez que tomo naranjas tengo migraña». Una gran etiqueta de desencadenante alimentario que determina el resultado final.

Muchas personas, simplemente al comprender este proceso, pueden exponerse a los desencadenantes sin consecuencias dolorosas.

"

TESTIMONIO

R

33 años. Buenos Aires (Argentina)

Conocer este nuevo discurso fue ver la luz, me cambió completamente la vida y la manera de pensar. Fui migrañosa durante más de doce años. La gran parte de mi tiempo recorriendo muchas terapias. Algunas de ellas me ayudaban, pero mi «problema» seguía. Vivía triste y muy temerosa, dejaba de hacer miles de planes por miedo a que se desencadenase una crisis de migraña. Muy poca gente me comprendía. ¿Cómo podían entender todo el dolor que tenía? Tanto dolor que no podía ni levantarme de la cama ni ir a trabajar, ¡solo quería llorar! Solo me daban más y más pastillas sin resultados positivos. Me decían «que me acostumbrara», que sería para toda la vida y que era hereditario. ¡Un panorama muy desalentador!

Luego de varias crisis seguidas de intenso dolor y navegando por internet, encontré el blog de Séfora y agradezco ese gran día. Llevo varios meses de mucho trabajo, pero ya no tengo miedo.

Mis dolores ahora son muchísimo menos intensos y espaciados en el tiempo: se puede ser exmigrañoso. Quiero compartir algo divertido que me pasó en mi trabajo. Una compañera se acerca a mi escritorio y me comenta: «Hace mucho que ya no te duele la cabeza, ¿no? Porque lo noto en tu cara».

4.1. ALIMENTOS

Hay un gran listado de alimentos que son acusados sin motivo de ser causantes de las crisis migrañosas.

Con esto no quiero decir que no sufras dolor al comer estos alimentos, sino que ha sido un condicionamiento aprendido y fijado por el miedo y la repetición de la información recibida.

En mi caso, el vino tinto, la nata montada, la salsa de soja, el jengibre, el queso curado, los embutidos fuertes y los chocolates excesivamente dulces me daban dolor. Recuerdo que, tras una horrible crisis tras comer un plato de cangrejos, tenía pavor a pisar un restaurante chino. Hoy día, puedo tomar todos estos alimentos en una misma comida sin que me suceda absolutamente nada, de hecho, ese plato de cangrejos se encuentra hoy entre mis favoritos.

Todas las personas que se han curado de migraña ingieren alimentos que antes les estaban prohibidos y que ahora no les provocan ninguna consecuencia dolorosa, pese a que no ha habido ningún cambio físico en el proceso más que cambiar lo que piensan.

Ninguna supresión alimentaria eliminará totalmente tus migrañas. Presupongo que esto es algo que tú mismo habrás experimentado, ya que el dolor es demasiado intenso como para no haber probado una dieta estricta sin alcohol, grasas, cítricos, gluten ni lácteos, obteniendo el mismo resultado: el número de migrañas ha sido exactamente el mismo que cuando ingerías esos alimentos.

Con ello no quiero decir que recomiende el alcohol o los alimentos procesados, puesto que una alimentación saludable te servirá de palanca para encontrarte mejor, pero si quieres tomarte una cuña de queso bien curado y un zumo de naranja hazlo, pero… sin miedo. Hazlo sin un segundo de duda, ya que si no se activará el modo automático y aparecerá la migraña. Introduce los alimentos al ritmo que tú quieras, incluso puedes masticarlos y escupirlos hasta que te sientas cómodo, pero sigue la norma de «evitar evitar».

Cada día me escriben muchas personas diciéndome que después de cinco o diez años sin tomar chocolate, tomates o plátano lo han hecho sin temor y no han tenido migraña ese día tras leer un artículo mío. Justo el día anterior a leer esta información, esos alimentos activaban una gran crisis a los pocos minutos de la ingesta. Después de conocer esta información, ya no tienen un listado de desencadenantes que deban evitar pegado en la puerta de la nevera.

¿Qué ha cambiado en veinticuatro horas? Nada físico. **Lo que ha cambiado es la información, las creencias y el miedo.**

¿Alguna vez has tenido migraña unos minutos después

de haber comido un alimento «prohibido»? Observa que ese alimento ni si quiera ha llegado a tu sangre, porque el proceso digestivo estaba comenzando justo en ese momento; es tu condicionamiento aprendido el que ha activado la crisis, puesto que hacía pocos minutos habías tragado ese trozo de queso.

Recuerda, la migraña es una cefalea primaria que tu cuerpo activa de forma preventiva para protegerte y cuyo miedo y aprendizaje hace que, con el paso del tiempo, cada vez más eventos y alimentos desaten una crisis.

Evitar ingerir alimentos etiquetados como desencadenantes de migraña no va a eliminar tus crisis, como ya habrás comprobado personalmente.

“

TESTIMONIO

Paco Hernández

47 años. Mislata, Valencia (España)

Que yo recuerde, siempre he tenido migrañas, como mi abuelo, mi madre y mis dos hermanos pequeños. Siempre las había relacionado con el chocolate, pero también a excesos de comida, a comer algo o hacer algo de ejercicio mientras hacia la digestión, a enfadarme, a ponerme nervioso, al viento, cada vez más a los lácteos, al alcohol (sobre todo si era dulce), etc. Con los años fui detectando cada vez más desencadenantes.

Cada vez me autolimitaba más y a la vez tenía más ganas de comer cosas prohibidas, sobre todo dulce. Probé un sucedáneo de chocolate hecho de algarroba, pero también me daba migraña. Entonces encontré el grupo de Facebook de Séfora Soluciona Tu Migraña y leí *Migraña. Una pesadilla cerebral.* Un 19 de marzo por la noche, al salir de trabajar, y sabiendo que el día 20 no trabajaba, me armé de valor y me hice un Cola Cao. Dos cucharadas. Eso hubiera sido sí o sí pasar la noche en el hospital, sin ninguna duda. A los diez minutos de tomar el Cola Cao empecé a notar embotamiento en la cabeza. Un poco de presión. Venía la migraña. Empezó la sensación de pinchazo detrás de mi ojo derecho. Me relajé, empecé a hablar con mi cerebro y después de unos minutos (pocos) pensando en esto no encontraba el dolor por la cabeza, y lo buscaba. No vino.

No tenía más chocolate en casa y al día siguiente bajé a comprar un paquete de chocolatinas y me la comí. Lo mismo, pero con menos síntomas. Y ya nada. He comido todo tipo de chocolates estos meses, hasta el punto de que me he metido varios kilos y ahora me tengo que poner a dieta.

4.2. ESTÍMULOS AMBIENTALES

Es muy habitual que el cine, un sitio ruidoso o el sol directo activen una crisis. Pero esos estímulos no son los causantes de la crisis, sino que, como ya he comentado, **el miedo a que cualquier estímulo ambiental cause una crisis y el condicionamiento aprendido por coincidencia previa es el causante del dolor.**

El comportamiento habitual (y totalmente entendible) es la evitación. Como después de mi última visita al cine tuve migraña, pues ya no voy al cine. El problema es que haciendo esto el proceso migrañoso se fortalece y aumenta la sensibilidad a estímulos externos y, por ejemplo, comenzarán a molestarte las luces del televisor. Y si evitas ver la tele, observarás cómo exponerte a luz artificial o a fuertes fluorescentes también puede provocarte dolor, y así en un bucle infinito que parece no tener fin.

Al igual que me sucedió a mí con el tren, **debes exponerte a todos esos estímulos, de forma progresiva, constante y diaria, para «enseñar» a tu cerebro que no hay peligro.**

Esta exposición debes de hacerla convencido, sin miedo, mediante la repetición de que te encanta el cine o que es natural y beneficioso exponerte al sol. Visualiza previamente la experiencia y después hazla realidad.

Recuerda, **no hay lesión ni ningún aspecto físico en la activación de tu migraña,** es una activación errónea del dolor, al igual que en el caso del operario que pisó el clavo.

Una comida picante, ir al cine o a cenar a casa de tu hermano no va a matarte, no hay un peligro real.

"

TESTIMONIO
Mariel Elizondo
39 años. Argentina

Mis migrañas eran constantes, diarias y muy fuertes. Mi vida entera estaba secuestrada. Estaba ansiosa, triste y sin ganas de nada, solo pensaba en enterrarme en un pozo. Mis hijas (mellizas de diez años) comenzaron a manifestar los síntomas desde muy pequeñas. Yo ya no creía en nada ni en nadie, lo había intentado TODO... No podía estar al sol, ni siquiera un ratito, ¡y vivo en un sitio muy soleado! Por lo tanto, me la pasaba encerrada, con las cortinas de casa echadas, y cuando salía era con gafas y volvía con migraña de las fuertes...

Ahora mi vida cambió, superé varios desencadenantes, pero el más notorio, sin dudas fue el SOL. Ya no uso gafas, ¡nunca! Disfruto de estar al sol y mis cortinas están siempre abiertas. Sin duda, este verano será distinto para mí... Siento que vuelvo a ser esa nena de 8 años que chapoteaba en el agua de la mañana a la noche, pero esta vez voy a chapotear en familia. Sin la ayuda de Séfora, hubiese seguido viviendo en la oscuridad.

4.3. ALTERACIONES DEL RITMO DEL SUEÑO

Salirse de lo que está establecido como estándar se considera una causa de la migraña, y el sueño no iba a ser menos. La recomendación oficial es evitar dormir poco o dormir mucho, siendo «poco» o «mucho» un criterio externo.

Ocho horas es el período perfecto para no tener crisis, pero, claro, es imposible dormir cada día (para el resto de tu vida) ocho horas, una cifra que se ha obtenido de sacar medias estadísticas de varios estudios científicos. Correlación no quiere decir causalidad. Si un día duermes poco y tienes migraña, no quiere decir que la próxima vez que duermas un puñado de horas vayas a tener dolor.

He conocido a decenas de personas a las que la siesta les daba migraña. Tras comprender este proceso, y de forma inmediata, adormilarse después de comer ya no les provoca ningún síntoma. ¡Si una siesta de domingo es lo mejor del mundo!

Cada organismo es diferente y tiene diferentes biorritmos. Para saber cuáles son las horas idóneas para el descanso de tu cuerpo, te recomiendo estar atento a las horas que duermes de forma natural, después de estar tres días despertando sin utilizar ninguna alarma. Conozco a personas que con cinco horas ya han recargado pilas y otras que hasta que no duermen nueve horas y media sienten que su cuerpo no está descansado.

"

TESTIMONIO

María García

43 años. Bueu, Pontevedra (España)

Mis migrañas comenzaron hace unos diez años y se fueron haciendo más continuas hasta llegar a ocho o diez por mes. Pasé por numerosos profesionales que me repitieron uno tras otro el protocolo oficial y me recomendaron probar diferentes tratamientos. Me resistía a probarlos, porque intuía que la solución iba por otro camino. El problema es que no sabía cómo arrancar por esa vía. Y en eso apareció Séfora hablándome de cambio de creencias, de personalidad PAS, de exposición a los miedos… Algo hizo «clic» dentro de mí. Hubo varios momentos «ajá» y se me despejó el camino que debía seguir y las herramientas para transitarlo. He desterrado creencias absurdas que tenía muy instaladas en mi cerebro y, lo que considero más importante, le he perdido el miedo a la migraña.

Una de esas creencias era la de dormir mucho. Cada sábado y domingo me levantaba a las siete de la mañana, al igual que lo hacía de lunes a viernes para asistir al trabajo, y me iba a la calle, porque un profesional me indicó que siguiera esta pauta. Esta rutina de sueño, por supuesto, no eliminó mis migrañas y añadió la ansiedad de madrugar también en mis días de descanso.

Un día decidí no hacerlo y me levanté a las diez sin rastro de migraña. ¿Cómo era posible que hubiera estado tanto tiempo siguiendo una rutina que no servía para nada?

Ahora conozco a mi migraña, le he descubierto sus trucos y sus trampas. Ya no me asusta este monstruo. Ahora sé qué pretende, le he quitado el protagonismo en mi vida y sé que todo lo que hay que hacer para eliminarlo del todo está en mi mano.

Es muy habitual también, que las personas que sufren migrañas tengan sueños agitados y la sensación al despertar de no haber descansado. Durante la noche, el cerebro no se apaga totalmente y utiliza ese espacio para «ordenar, limpiar y almacenar» todo lo vivido y pensado durante la jornada.

Como ya sabrás si sufres migraña, durante la jornada los pensamientos no suelen ser relajados, tranquilos y despreocupados, por lo que por la noche el patrón se repite e incluso puedes sufrir las llamadas migrañas nocturnas. Para evitarlas, hay que trabajar lo que uno piensa de día.

Así que, si te acuestas con miedo al dolor, preocupado y dándole una y mil vueltas a la cabeza a la reunión que tienes al día siguiente, eso afectará a la calidad de tu descanso y tendrás más probabilidades de encender la alarma de forma automática.

Una manera de ayudar al cerebro en esta limpieza y

almacenaje de los pensamientos es la meditación, puesto que meditar «ordena y limpia» los pensamientos.

Otro truco, si te despierta el estímulo lumínico, es utilizar un despertador que imita la luz del sol para sacarte de los brazos de Morfeo. Estos despertadores se activan unos treinta minutos antes de la hora que tú hayas programado y, poco a poco, va encendiendo una luz fuerte, de manera que en este período de media hora te despiertas de una forma progresiva y relajada.

"

TESTIMONIO

M.

47 años. Jaca, Huesca (España)

Después de haber superado casi cuarenta años de migraña, he conseguido parar mis migrañas nocturnas y menstruales.

Cuando descubrí que las migrañas podían desaparecer, me pareció un milagro y me puse a trabajar con mucha ilusión. Comencé a repetir mi convicción y así, sin más, se marchan. Día a día me he reprogramado y sin reblar, como decimos en mi tierra.

Durante estos años había probado de todo, pero yo intuía que tenía que ser otra cosa, más interior. Doy gracias a todas las personas que ya no tienen migraña y comparten su historia porque sois la luz de nuestros corazones y lo que me dio fuerza en mis comienzos.

4.4. VARIACIONES HORMONALES

Este punto es un clásico en la consulta de los procesos migrañosos. «Tengo migraña menstrual», me repiten con frecuencia muchas mujeres.

Pero, si las hormonas son un claro determinante de las migrañas, ¿por qué los hombres tienen migrañas? ¿Por qué las mujeres menopáusicas y los niños sufren migrañas? ¿Por qué algunas embarazadas tienen migrañas y otras no?

He conocido a muchas mujeres que tienen miedo y evitan quedarse embarazadas para no sufrir horribles crisis que no pueden gestionar sin medicación. Incluso, he conocido casos de mujeres que se han hecho histerectomías (extirpación del útero) con la intención de dejar de padecer sus horribles migrañas menstruales.

¿Y sabes qué ha sucedido? Nada.

Lamentablemente, han perdido la posibilidad de tener hijos (situación que temen por la «herencia» de la migraña, que trato más adelante) y continúan con las mismas crisis.

Y esto, lógicamente, se debe a que la migraña no es producida por variaciones hormonales ni puede heredarse, puesto que no es una lesión física.

"

TESTIMONIO

Sandra Terrones Águila

45 años. Cubelles, Barcelona (España)

Busqué todas las terapias posibles, pero nada me funcionaba y fui «sobreviviendo» durante veinticinco años, con migraña crónica grave diagnosticada, creyendo que tenía que vivir con ello toda la vida por ser genético e incurable, con dolores de cabeza casi a diario hasta tener pánico a quedarme embarazada, debido a toda la medicación que tomaba. Además, me decían: «Tu hijo tiene todos los números para heredar semejante calvario». Y renuncié a ello.

Mi vida dio un giro de 180° cuando conocí a Séfora y descubrí que no es así. Que es un proceso aprendido que, igual que se aprende, se desaprende. Fue tal la revelación que ya solo con saberlo las migrañas diarias desaparecieron por completo llevándose mis miedos al abrirse una esperanza a la curación.

Todas las mujeres exmigrañosas que conozco, y entre las que me incluyo, menstruamos cada mes sin consecuencias dolorosas, no solo de cabeza, sino que el resto de los síntomas también disminuyen drásticamente, puesto que la menstruación es un proceso levemente inflamatorio condicionado por multitud de factores (estrés, estado físico, alimentación), y que mejora de forma proporcional cuando la migraña y la medicación añadida desaparecen.

Es obvio que las mujeres tenemos ciclos hormonales que determinan aspectos físicos y emocionales, y estos últimos son los determinantes en los ciclos migrañosos. Me explico: las hormonas no provocan directamente las migrañas. Las migrañas son causadas por la inadecuada gestión emocional debida al desconocimiento de los procesos cíclicos y la desinformación del ciclo y por la fijación de patrones aprendidos.

Menstruar es un proceso fisiológico que no tiene por qué doler, como el orinar, pero representa un fuerte «resumen» de cómo va tu mes. Si tienes quince crisis en un mes en el que no has hecho ejercicio, la medicación ha ido en aumento al igual que tu estrés, tu miedo y tu preocupación; el torrente químico activado va a afectar directamente a tu menstruación y los síntomas asociados.

Así que para evitar la migraña menstrual hay que trabajar durante todo el mes, de forma intensiva. Lo habitual es que notes un cambio abismal entre uno a tres meses.

También me preguntan con asiduidad por qué hay algunas mujeres embarazadas que dejan de tener síntomas durante nueve meses. Con frecuencia, en cuanto se tiene al niño o niña, el horrible proceso de crisis periódicas vuelve a iniciarse. Durante el embarazo, el cuerpo y la mente de la mujer cambian. El objetivo, la atención y los miedos se distraen y todo el foco suele ponerse en el bebé, en la habitación, en lo que vendrá, en el nombre que le van a poner..., de forma que el ciclo de activación de la alarma se desactiva porque toda tu atención y pensamientos están centrados en otra cosa.

Es obvio que la recomendación de embarazarse para eliminar las crisis no tiene ningún fundamento y no te lo recomiendo porque, en caso de que no funcione (y hay muchas probabilidades de que así sea), te vas a encontrar con las mismas migrañas de siempre y con un pequeñín que se va a despertar unas diez veces por noche y que va a necesitar tu atención veinticuatro horas al día.

Si eres madre y estás leyendo esto, eres muy valiente y una luchadora por gestionar tus crisis y el cuidado de tus hijos. Que nadie te haga sentir mala madre. Lo estás haciendo lo mejor que puedes, ya me gustaría a mí ver a esas personas que juzgan a la ligera si tuvieran veinte migrañas al mes mientras cuidan a un bebé de pocas semanas.

Lo bueno de esto es que, al igual que con el resto, puede revertirse. Yo he tenido ya varios casos de mujeres que querían tener hijos y han decidido, primero eliminar sus migrañas y, a continuación, ser madres. Y eso me hace muy feliz, ya hay una generación de pequeñines que van a Vivir Sin Migraña.

Además, he atendido a varios padres e hijos con migraña: al eliminar sus síntomas los primeros, también lo han conseguido los segundos. Te lo detallo en el siguiente apartado, el de la herencia.

4.5. ESTRÉS PSICOFISIOLÓGICO

El estrés es otro de los factores a los que se acusa de ser responsable de las crisis. Ni que decir tiene que comprendo que cada día intentas no estresarte, pero de forma automática aprietas el acelerador del Ferrari.

Tras una discusión (que solemos evitar a toda costa por este motivo), una situación incómoda en la oficina o unos macarrones mal cocinados es frecuente tener una supercrisis. Pero, de nuevo, te llamo a la reflexión: ¿acaso no hay personas que se estresan y no tienen migraña?

La responsabilidad no es del entorno, de esa compañera pesada del trabajo o de tu pareja, que ha quemado la cena, sino de **tu gestión frente a estas situaciones.**

Ese pico de estrés hace que se generen las sustancias químicas asociadas y que además, activan el proceso automático de la migraña, por lo que es necesario **desactivar ese proceso, esa alarma.** Todas las personas que son exmigrañosas discuten con su pareja, tienen algún problema en el trabajo o se llevan mal con la suegra, con la que comen todos los domingos. Y ni rastro de migraña.

No saber gestionar nuestro pensamiento y responsabilizar a los demás de nuestros problemas y nuestras características personales hace que sintamos resistencia hacia personas que son muy diferentes de nosotros.

Suavizar nuestras características personales (le dedico un bloque entero a este aspecto) hará que estas migrañas desaparezcan.

Recuerdo una clienta que siempre que discutía con su marido tenía una migraña al día siguiente. Tras enseñarle varias herramientas para gestionar esos eventos se presentó una desavenencia con su pareja. En lugar de culpabilizar a su marido de su situación y focalizarse en el problema, tuvo una conversación adulta y controlada por primera vez en su vida, con los hombros bajos y sin chillar, mostrando su punto de vista y repitiéndose que nada malo iba a pasar, poniendo su atención en aclarar la situación. Al día siguiente, se levantó con la cabeza clara y con la satisfacción de haber arreglado un conflicto que tampoco era tan grave y por el que no era necesario empezar a reprochar incidentes sucedidos hacía meses, y que no tenían ninguna relación con la desavenencia de aquel momento.

Comprender el punto de vista de la otra persona sin resistencias eliminará tus migrañas tras las disputas. Es sanísimo mantener la coherencia entre lo que haces lo que dices y lo que piensas, sin dañarte.

"

TESTIMONIO

F. J.

39 años. Madrid (España)

Soy un chico que trabaja de cara al público en el sector sanitario. Diariamente, me veo expuesto a situaciones estresantes y multitud de personas, con lo que la gestión emocional es intensa. En el trabajo hay combates cotidianos que se me descontrolaban y desencadenaban irremediablemente terribles crisis desde hace treinta años.

He aprendido a realizar muchos cambios a nivel

interno y personales. No es un trabajo fácil, pero merece mucho la pena. Ahora utilizo el trayecto de vuelta a casa para organizar mis ideas acerca de lo vivido durante la jornada y relativizar lo sucedido, así no sigo dándole vueltas al llegar a casa una y otra vez con consecuencias dolorosas, como me sucedía antes. He empezado a disfrutar de mi vida al 100 % sin miedo a que aparezca el dolor al enfocar todo el proceso desde un punto de vista holístico.

4.6. EJERCICIO FÍSICO INHABITUAL O EXCESIVO

Cuando alguien me dice que le han prohibido realizar ejercicio para que las migrañas remitan me hago cruces. Nuestro cuerpo está preparado para moverse en todo momento, para correr, para escalar, para sudar y para ayunar. Y cuando le damos la espalda a este proceso lo primero que sucede son cambios mentales. Nos entristecemos.

No voy a extenderme en todos los beneficios físicos y cognitivos de la práctica del ejercicio, especialmente al aire libre y en compañía, porque hay mucha bibliografía disponible, pero me gustaría reflexionar sobre el hecho de que el desencadenante sea el ejercicio físico excesivo. ¿Cuánto es excesivo? ¿Treinta minutos? ¿Dos horas?

Sé que dar una larga caminata por la montaña puede encender una crisis, pero ya sabes que el cerebro «se engancha» a algunas situaciones que no son en sí el origen de la migraña. **Lo peor que puedes hacer es evitarlo, porque el patrón se fija.** Ya sea hacer ejercicio, echarte la siesta o tomar un plátano.

Conozco el caso de una mujer que comenzó a practicar crossfit y, a los pocos días, tenía fuertes crisis después del entrenamiento. Su estrategia fue continuar con la práctica de este deporte, sin miedo y con el convencimiento de los grandes beneficios que le aportaba. ¿Sabes qué sucedió? Efectivamente. Como ignoró el proceso, su cerebro desactivó la alarma, porque ya no obtenía lo que buscaba, que es la evitación y el recogimiento.

El cuerpo es un gran ahorrador de procesos. Si activa el dolor de forma insistente y no obtiene miedo, atención y evitación, llega un momento en que deja de presentarse, puesto que ya no tiene sentido. Y la migraña desaparece.

Cuando hablo de «evitar evitar» todos estos desencadenantes quiero que seas prudente. Es probable que hayas seguido mil veces con tu rutina preestablecida pese al dolor, pero lo que en el fondo querías era ir a casa. El cambio debe ser más profundo. Debes abandonar la resistencia, el miedo y la resignación con el convencimiento de que el dolor va a desaparecer e insistir. **Paciencia y repetición progresiva en aumento.**

Tu objetivo debe ser desactivar esas alarmas partiendo de la información y del cambio del marco mental que responsabiliza a los de fuera de lo que sucede, cuando hay un proceso automático generado con el paso de los años que tú mismo puedes desactivar de forma consciente mediante exposición, repetición e información.

EJERCICIO: HAZ EJERCICIO DIARIO

Si no tienes ningún impedimento físico y bajo supervisión médica, haz ejercicio diario.

- Consigue un cuaderno para escribir tus avances.
- Comienza por caminar a paso ligero (sin gorras ni gafas de sol) durante diez minutos.
- Pon atención a tus pensamientos mientras caminas y evita dirigir la vista a la punta de los zapatos. Observa tu entorno y mira hacia afuera, en vez de hacia adentro, mientras te repites, constantemente, que el ejercicio es beneficioso.
- Escribe en el cuaderno tu experiencia y pensamientos durante el proceso.
- Aumenta cada semana cinco minutos hasta llegar a caminar una hora diaria.

5.
HERENCIA Y EPIGENÉTICA

Si buscas en Google «PubMed» (el mayor motor de búsqueda de artículos de investigación biomédica) e introduces las palabras «herencia migraña» el buscador te mostrará todos los artículos científicos relacionados. ¿Y sabes qué? No vas a poder leer ninguno que identifique el gen responsable de la heredabilidad de la migraña.

Y me aventuro a decir que jamás lo encontrarán, porque, como ya he definido ampliamente, **la migraña es un conjunto de síntomas, un síndrome, y eso no se puede heredar.**

He conocido a personas que solo tenían migraña los martes y los jueves. También a otras que la padecían todos los viernes, sábados y domingos. ¿Qué clase de patología, virus o bacteria sabe que es martes? Ninguno.

De la misma forma que tú no puedes transmitir genéticamente a tus hijos que estornuden los martes, no vas a poder hacer lo mismo con las migrañas.

Y, probablemente, estés pensando: «Pero si mi madre, mi padre, mis abuelos y mis hermanos también tienen migraña» y lo comprendo. En mi familia también hay varios miembros que la sufren, pero **lo que se hereda no es la migraña en sí, sino la predisposición física y mental a sufrirla.**

Se dice que el 50 % de lo que eres es heredado de tus padres y el otro 50 % aprendido por tus experiencias vitales y los aprendizajes de tu entorno. Pero, dime, desde que naciste hasta tus 18 años, ¿con quién pasaste la mayoría de tu vida? Exacto. Con tu familia y las personas que eran más afines a ti, así que el cien por cien de lo que eres (más o menos), creo que viene de lo que es tu familia, y seguro que en tu familia hay más Ferraris como tú y que nunca te han enseñado a conducirlo.

No culpo a tus familiares de ello. Todo el mundo hace las cosas con la mejor de las intenciones.

También puede ser que seas el primer miembro de tu familia que tenga migraña. Tienes unas características físicas y mentales que te predisponen a que tu cuerpo active el dolor de cabeza y un día, sin más, lo activó de forma aleatoria. Es frecuente que esto suceda en entornos familiares en lo que no hay otras personas con migraña, pero sí con perfiles perfeccionistas, ansiosos y muy activos mentalmente.

La baja tolerancia a la frustración, la exigencia, la responsabilidad y el perfeccionismo son boletos que vas comprando a lo largo de tu vida y que aumentan la probabilidad de que desemboquen en migraña.

Una vez que tu cuerpo ha aprendido este proceso, lo automatiza. Es un sistema de ahorro de energía que permite mantener el sistema. ¿Te imaginas ser consciente de cada latido de tu corazón o de cada paso de tu digestión?

De la misma manera se automatizan pensamientos y acciones, especialmente los aprendidos en los primeros años de vida.

Lo bueno es que **estos aprendizajes pueden ser sustituidos por unos de nuevos,** pero primero debes ser consciente de que los tienes. Así, si sientes un fuerte rechazo por personas que son muy diferentes a ti, debes de ser consciente de que tienes este rechazo y no huir de esa persona, sino comprender sus procesos y cambiar tus pensamientos para que no se active la resistencia a ella.

"

TESTIMONIO
Cristina
47 años (España)

Empecé a tener migraña con 24 años. Eran crisis fuertes de setenta y dos horas, con auras, sensibilidad atroz al ruido, olores y luces. Además, mi hijo de 10 años llevaba tres años siguiendo mis pasos: le dolía la cabeza en muchas ocasiones. Aprendí herramientas para enfrentarme al dolor y tener una actitud activa en el proceso, asumiendo mi responsabilidad. Mis pensamientos negativos fueron los enemigos número uno, pero lo fantástico fue que pude trabajar todo esto también con mi hijo y él enseguida aprendió y supo manejar la forma de combatir y eliminar el dolor. A mí me costó más y lo he logrado con trabajo y esfuerzo.

Nuestros genes son como lucecitas del árbol de Navidad y, en función de lo que pensamos, lo que hacemos, lo que sentimos y lo que comemos, activarán unas luces u otras. Así que, si quieres tener una nueva iluminación en tu vida, todo pasa por cambiar lo que piensas siendo consciente de ello.

6.
MIGRAÑA INFANTIL

Soy madre de un pequeño de 8 años. Una fotocopia mía. Una fotocopia exigente, inteligente, sensible y amante del control. Con 7 años comenzó a manifestar características que ya conocía: «Me duele la tripa, mami, no quiero ir de excursión, me molestan las etiquetas de la ropa, hay mucho ruido aquí, no quiero ir, hay mucha gente, no soporto estos calcetines, enséñame una foto de los planetas del universo».

Saqué entonces todas mis herramientas con la intención de que no aprendiera sin ser consciente todo aquello que hace que acabes teniendo migraña y a enseñarle a dejar de ser ese potente volcán emocional con esa capacidad innata de estar tensionado y contracturado. Le enseñé a dejar de ser extremadamente empático, a meditar y a hacer ejercicio adrenalítico. También le mostré cómo conducir ese Ferrari. Hace un año que ese patrón se ha suavizado drásticamente y, aunque sigue teniendo un cochazo por cerebro, va aprendiendo a frenarlo y no muestra síntomas. Obviamente, no tengo manera científica de demostrarlo, pero, si yo tuviera migraña, mi hijo también la tendría.

Durante años, sus neuronas espejo habrían aprendido de oírme decir: «Hoy hay tormenta, por eso tengo migraña» o «mi jefe me ha puesto histérica y por eso me duele la cabeza».

Las neuronas espejo son unas neuronas motoras claves en el aprendizaje. Fueron descubiertas en un experimento científico con primates a los que tenían monitorizados y donde se veían las zonas del cerebro que se activaban cuando uno de ellos cogía un plátano. Para sorpresa de los investigadores, los cerebros de los monos que estaban viendo al primero coger un plátano también activaban las mismas zonas. Así, el cerebro aprendía a coger un plátano, independientemente de si lo cogían en realidad o si observaban cómo otro lo cogía.

Esto explica por qué tu hijo adopta tus mismas posturas, utiliza las mismas expresiones y se parece tanto a ti.

He visto varios casos de migrañas infantiles que se han solucionado tan solo con la indicación a los padres de no hablar de migrañas ni de dolores de cabeza delante de sus hijos. ¿Cómo es posible que los pequeños dejen de tener fuertes dolores de cabeza de un día para otro tan solo dejando de hablar de migrañas? Porque **no es una herencia directa, es un aprendizaje continuo.**

“

TESTIMONIO

Raquel

39 años. Madrid (España)

Soy madre de una niña de 10 años que se parece mucho a mí en la forma de ser. Y también en los dolores de cabeza. Un día viví una situación muy agobiante mientras conducía de vuelta a casa tras un cumpleaños infantil. Aquel día estaba muy mala e incluso tuve que parar a vomitar a medio camino. Mi hija se angustió mucho y se puso a llorar. Ese día decidí que tenía que hacer algo y comencé el trabajo con Séfora y la lectura del libro *Migraña. Una pesadilla cerebral*, de Arturo Goicoechea. Mi hija entendió el proceso a la primera y tuvo un gran cambio y sus dolores de cabeza y de tripa desaparecieron. Yo he tardado unos cuantos meses más. Al cabo de unas semanas de ese incidente, volvió a repetirse de nuevo la situación y ella estaba sentada tranquilamente en el coche observando lo que pasaba, charlando animada y me dijo: «Yo ya estoy curada, tengo 10 años y es el mejor momento para hacerlo, ahora le toca a mamá».

Me siento muy afortunada por haber trabajado con varios padres que, al eliminar sus síntomas, también desaparecieron los de sus hijos, que ya apuntaban maneras y que incluso tenían fuertes migrañas, porque este conocimiento antimigraña puede ser transmitido.

Información, palabras, cambio y llevarlo a la práctica.

Así de sencillo y así de complicado a la vez.

Si frente a una leve crisis corres a encerrar a tu hijo a oscuras, sin estímulos y prestándole toda tu atención, su cerebro aprenderá que cuando haya un examen o excursión a lo que no quiere ir o está pidiendo más atención simplemente debe activar la señal de dolor.

Prestar más atención cuando no hay dolor y cuando este aparezca racionalizar el proceso y aplicar técnicas distractoras sin dramatismos ni preocupación hará que el dolor no obtenga la atención, el recogimiento y el cambio de planes, que es lo que pide y desea. Finalmente, el dolor dejará de aparecer porque no consigue su objetivo. Si aplicas estas pautas, puedes ahorrarle toda una vida de dolor a tu hijo, especialmente antes de los 10 años, aproximadamente, cuando la información se graba con más facilidad en su cerebro.

Recuerdo el caso de un padre que tenía migraña y su hija comenzaba a manifestar intensos dolores de cabeza similares a los suyos. Un día decidió que no hablaría más de migraña en presencia de su hija y que, cuando se retirara a su habitación porque le dolía la cabeza, le diría a la familia (previo pacto con su esposa), que iba «a leer». A partir de entonces, la pequeña dejó de mostrar síntomas de cefaleas.

Debido a que la migraña es un síndrome, no puede heredarse. Es un proceso aprendido que tienes más probabilidad de sufrir si otro miembro de tu familia también lo sufre.

7.
NEUROPLASTICIDAD

Seguro que alguna vez has oído a alguien decir (o tú mismo has dicho): «Yo no puedo cambiar, me moriré tal y como nací, así soy».

Pues voy a desmontar esta teoría explicándote qué es la neuroplasticidad, que demuestra que se puede cambiar, mejorar o hablar un nuevo idioma. Incluso si ese nuevo idioma es el **lenguaje de no dolor en tu cerebro.**

Durante todo el libro estoy recomendándote cambio de hábitos, cambio de rutinas y cambio de pensamiento. Y muchas personas juran no poder hacerlo.

El cerebro es un órgano plástico y esta característica de neuroplasticidad es la que nos permite cambiar, ya que se pueden generar nuevas conexiones neuronales. Eso es lo que significa neuroplasticidad: la capacidad de tus neuronas de generar nuevas conexiones y de romper otras.

Quiero que te imagines la arquitectura cerebral no como un conjunto de árboles con ramas duras y estáticas, sino más bien como espaguetis blandos que pueden romperse y crecer de nuevo en nuevas direcciones. La clave para conseguir esto es la repetición y la visualización, asociada a la emoción.

Repítete que tu cabeza está clara, imagina lo bien que te sienta el ejercicio o una siesta y crea estas nuevas rutas neuronales mediante la experiencia para activar este nuevo idioma.

Con cada pensamiento y experiencia tus conexiones neuronales cambian y modifican tu subconsciente mientras duermes, al registrar y almacenar lo vivido. Cuanto más impacto y emoción lleven implícitos cada pensamiento, repetición y experiencia, más rápidas e intensas serán las nuevas automatizaciones.

Tus conexiones neuronales pueden cambiar y con ello aprender a realizar nuevos pensamientos y acciones automáticas. Para ello, repite, visualiza y asocia todo a emociones positivas

"

TESTIMONIO

Montse Pérez

54 años. Arenys de Mar (España)

Me diagnosticaron migraña hereditaria de pequeña. He vivido 54 años con dolor, he hecho todos los tratamientos posibles, tanto con medicina tradicional como alternativa y ninguno de ellos con resultado positivo. Estaba convencida de que algún día encontraría la solución. La solución estaba en mis manos o, mejor dicho, en mi mente. Antes tenía unas quince o veinte migrañas al mes y el resto del tiempo la cabeza espesa. Empecé a aplicar herramientas de cambio y ahora después de siete meses tengo tres o cuatro migrañas al mes y los días restantes estoy estupenda, con la cabeza limpia y feliz.

Mi cerebro está cambiando, ya no tengo miedo a tener migraña, pues tengo el «superpoder» de pararla, simplemente no haciéndole caso y siguiendo con mi vida. Ahora ya nadie me pregunta: «Hoy tienes migraña, ¿verdad?», porque, aunque algún día tenga dolor, mi cara ya no lo refleja.

Así que convéncete desde hoy mismo de que **tus creencias y actitudes automáticas pueden cambiar,** comenzando por la primera pieza del dominó: tus pensamientos.

BLOQUE 2

LA MENTE

1.
MI HISTORIA PERSONAL: COMIENZA EL CAMBIO

Después de mi incapacidad para subirme a un tren para poder ir a la universidad, mi psicóloga tuvo un diagnóstico claro: mis características de gestión emocional, especialmente el querer tener el control en todo momento, habían determinado esta reacción automática de ahogo, ansiedad, sudores, visión túnel y angustia cada vez que me subía al vagón.

Estos síntomas solo me aparecían en el tren, pero con el paso de los días comenzaron a presentarse también en el metro y después en espacios cerrados, como un ascensor. Mis miedos se estaban extendiendo como una mancha de aceite en una servilleta de papel.

Así que la solución estaba clara, tenía que hacer algo que no había hecho jamás: dejar de huir de todo aquello que me incomodaba y me generaba malestar.

Hasta ese momento, cada vez que una situación o persona nueva y desconocida no acababa de encajarme, huía. Así de claro. Cancelaba cenas, evitaba hablar con ciertas personas y no hacía nada que supusiera salir de mi zona de confort, que solía ser mi casa y mi familia más cercana.

Pero ahora esta estrategia ya no me servía. Si quería resultados diferentes, tenía que hacer las cosas de forma diferente.

La psicóloga me facilitó un conjunto de herramientas tales como técnicas de relajación muscular, visualización y exposición progresiva.

Llegó el siguiente lunes, día de clases. Echa un manojo de nervios me dirigí al tren con mi madre (¡benditas madres!) con la intención de usar técnicas de distracción y sentirme más segura. Se abrieron las puertas del vagón y entramos.

Si alguna vez has tenido ansiedad (y estoy casi segura de que así ha sido), sabrás lo horrible que es esa sensación. Me encontraba de pie, cerca de la puerta, con mi madre, y solo quería huir de allí. Salir corriendo sin mirar atrás. Pero por primera vez en toda mi vida adulta no lo hice.

Me quedé allí, hablando de cosas banales y concentrándome en mi respiración para evitar hiperventilar mientras mi corazón iba a mil por hora y sudaba un montón. Conseguí llegar a mi destino, la universidad, totalmente exhausta y agotada, pero feliz.

Al día siguiente se repitió la misma escena. Estaba reeducando a mi cerebro. No me iba a pasar nada, no había peligro.

Después de una semana, sustituí la compañía de mi madre por la de un libro. Recuerdo leer cada página unas diez veces. No entendía nada de lo allí escrito. Las letras se me juntaban y los nervios impedían que pudiera concentrarme en la lectura del texto.

Hacer todo este proceso fue difícil. Una de las cosas

más difíciles que he hecho en mi vida.

Luchaba contra mí misma, contra lo que mi cuerpo deseaba hacer, que era evitar, huir, quedarme cómoda en mi zona de confort y no acercarme a lo desconocido. Pero todo esto me estaba acarreando un montón de problemas en mi salud.

Al cabo de unas semanas ya podía coger un tren, un autobús o el metro sin problemas. Me sentía poderosa, capaz, fuerte, casi como si tuviera una capa y superpoderes.

Esto me hizo darme cuenta de una cosa muy importante que cambió el rumbo de mi vida para siempre: **evitar no es la solución.**

Años más tarde y usando estas técnicas, superé mi miedo a volar, llegando a coger en un mismo día tres aviones durante más de quince horas para ir de Barcelona a Texas en un viaje de trabajo organizado por el hospital donde trabajaba.

Pero, tras superar mi ansiedad asociada a un evento puntual, yo no tenía ni idea de que la migraña se curaba, de que había gente que lo había conseguido, ni que se pudiera hacer nada para lograrse. Mi objetivo era ser feliz, poder coger el tren sin problemas y solventar la angustia vital que hacía que cada día me levantara con un nubarrón negro encima de mi cabeza como si fuera el personaje más triste de la historia de un cómic.

MÁS CAMBIOS PARA ENCONTRAR LA FELICIDAD

Una vez superada mi fobia al tren y abandonadas las

visitas a la psicóloga (asistí tan solo unas semanas), decidí mantener mi estrategia de cambio. Quería ser feliz y mi reciente experiencia me había demostrado que era posible.

El tren era el mismo, la universidad era la misma, mis compañeros eran los mismos, pero la que había cambiado era yo. Ahora ya no había miedo, ya no había angustia, ya no había nubarrón negro porque yo misma me había ocupado de sustituirlo por un brillante sol sobre mi cabeza.

¿Podría conseguir lo mismo en otras situaciones? Fui a buscar la respuesta a los libros. Soy como una ratita de biblioteca y me siento muy cómoda entre grandes volúmenes polvorientos y me sumergí durante horas entre libros de medicina y de psicología buscando el santo grial. Quería averiguar la respuesta a la pregunta ¿cómo puedo ser feliz?

La primera herramienta con la que me topé fue el yoga y la meditación. Había leído que la persona más feliz del mundo era el monje budista Matthias Ricard a quien, al cumplir 70 años, le fue adjudicado este título por la Universidad de Wisconsin al finalizar un estudio de doce años sobre meditación. El cerebro de Ricard produce un nivel de ondas gamma vinculadas a la conciencia, la atención, el aprendizaje y la memoria nunca descrito en la literatura científica.

Eso cambió mi mundo para siempre. Con mucha frecuencia me habían recomendado hacer yoga y meditación. «Te irá bien para reducir tus migrañas», me decían, pero yo siempre encontraba una buena excusa para no apuntarme a clases de este noble arte porque alguna clase suelta que había probado me había puesto más nerviosa aún.

Pero ahora iba a ser una nueva persona, una persona más feliz que no huía, sino que se enfrentaba. Busqué una academia en mi barrio de Barcelona que se llama Yoga Dham y me dirigí a una tienda de una conocida cadena de ropa deportiva. Recuerdo estar en la cola para pagar, mientras sostenía a duras penas unos pantalones elásticos, una esterilla, camisetas y calcetines antideslizantes. Todo un pack para comenzar a practicar posturas que me prometían conseguir mi objetivo. Pero me sudaban las palmas de las manos. Al igual que en la estación de tren, tenía ganas de huir, de salir corriendo. ¿Por qué hacía esto? Sería más fácil irme a mi casa, estar en mi cuarto y olvidarme de esta locura.

Pero eso ya no funcionaba, cada vez estaba peor. Resultados diferentes, acciones diferentes.

Salí triunfal de la tienda con una bolsa de llena de nuevo material deportivo que iba a estrenar al día siguiente.

Había llegado la hora.

Entro en el edificio donde se imparten las clases. Ya no solo me sudan las palmas de las manos, sino también las de los pies. De nuevo, siento unas fuertes ganas de huir. Todo huele e incienso y una encantadora mujer llamada Tonia me recibe. Me abre una ficha y me pregunta por qué estoy aquí: ansiedad, miedos, angustias, dolor de espalda... «La mayoría de las personas vienen por lo mismo, no te preocupes», me dice sin dejar de sonreír.

Me ofrece una infusión de té, tila o rooibos en un bonito rincón con velas. Niego con la cabeza. Cuando me pongo nerviosa me descompongo y es lo último que quiero en una clase de yoga.

Quiero huir y correr tan lejos que Tonia no pueda alcanzarme.

Abro la puerta y entro a una sala en semipenumbra en la que suena una música relajante y donde varias personas hacen estiramientos en sus esterillas.

Quiero huir y salir corriendo. Pero me quedo. Intento recordar alguna herramienta psicológica, respirar, relajar los hombros… No sirve. Temo resbalarme porque millones de gotitas de sudor emanan de la planta de mis pies. ¡Comienza la clase! Quiero huir de nuevo, pero no lo hago.

Una hora después la clase ha finalizado. Creo que estoy más tensa que cuando comencé. Me duele la espalda y mi mente ha ido a mil revoluciones por minuto. Casi no he cerrado los ojos porque no conozco ninguna de las extrañas posturas que allí se enseñan. La meditación final no ha ido mucho mejor, he abierto un ojo cada cinco segundos porque el tiempo se me ha hecho eterno, ¿cómo iba a saber cuándo acababa esta tortura? A la salida, la amable profesora se despide, «hasta el viernes». Suspiro sin que ella se dé cuenta y finjo una sonrisa que no me sale de forma natural: «Por supuesto, hasta el viernes». Salgo de allí convenciéndome de que en siete días voy a repetir la experiencia.

A la semana siguiente, vuelvo al centro para una nueva clase. Al igual que en la primera ocasión no desconecto ni me relajo ni consigo disfrutar, pero ya no sudo tanto. Ahora conozco los tiempos y la rutina y sé que Tonia utiliza un precioso cuenco tibetano para marcar cuándo termina la meditación y la relajación final.

Las semanas van pasando y cada vez me encuentro más a gusto en las clases. Podría decir que hasta me gusta. Yo, que siempre decía que el yoga y la meditación no eran para mí. «Soy muy nerviosa», repetía siempre. Ahora comenzaba a descubrir que precisamente por eso hay que aprender de estas artes. Que cueste más no significa que no sea beneficioso ni que no vayamos a poder lograrlo.

Un día la profesora nos pidió que nos pusiéramos de pie en nuestra esterilla. Tras los estiramientos habituales, nos indicó que fuéramos bajando la cabeza y el tronco hasta tocar el suelo con las manos y nos abrazásemos las piernas en esta postura invertida, en la que la cabeza se sitúa por debajo del corazón. Se llama Padahastana o postura de la cigüeña.

A mí este asana me disgustó desde el principio y, de nuevo, solo me entraron ganas de huir, de deshacer la postura y de hacer alguna que me gustase más, como el árbol o el niño. Y, justo entonces, Tonia sentenció que esa asana era «estática». En eso consistía: permanecer sin movernos durante unos minutos.

Mentalmente maldije a Tonia, a mi idea de hacer yoga y al dalái lama. ¿Por qué tenía que someterme a esta tortura sin necesidad? Deseaba que dijera la frase que me liberaría de ese tormento: «Podéis deshacer la postura». Pero eso no sucedía.

Mis piernas temblaban, mi cabeza martilleaba de sangre. «Como me dé una migraña por culpa de esto no pienso volver», me decía a mí misma, mientras todas las células de mi cuerpo pedían que me incorporase buscando de nuevo la verticalidad habitual.

Entonces, la maestra comenzó a transmitir sus enseñanzas, pequeñas píldoras de aprendizaje, mientras todos estábamos del revés: «Cuando una postura no nos gusta, hemos de pensar por qué es así. Habitualmente, cuando algo no nos gusta en nuestra vida, ya sea una postura de yoga o una experiencia en nuestra vida fuera de la esterilla, tendemos a resistirnos, nos bloqueamos, nos tensamos y solo queremos huir». En ese momento, pensé que mi instructora tenía poderes clarividentes, además de excelentes dotes para enseñar asanas, pues era justo lo que a mí me sucedía. «Afloja aquellos músculos y pensamientos que están tensos y envíales oxígeno, suéltate y ríndete a la experiencia. Estate presente».

En ese momento se me encendió una bombilla. **Yo estaba resistiéndome tanto en la colchoneta de yoga como en la vida. Me resistía, me enfadaba e intentaba luchar contra todos y contra todo. En ese justo momento, me dejé llevar y solté, no podía hacer nada por cambiar esa postura, ¿por qué no aceptarla y cambiar mis pensamientos negativos?**

De pronto, mis piernas dejaron de temblar, mis hombros se relajaron automáticamente y el repiqueteo de la sangre en mis sienes se relajó. Si no podía hacer nada, tenía que gestionar esa incomodidad partiendo de lo que pensaba. Respiré profundamente y escuché: «Podéis deshacer la postura. Levantaos despacio».

Ese momento de clarividencia se repitió varias veces durante las siguientes clases y empecé a extrapolar a mi vida lo que experimentaba en ese metro y medio de esterilla.

Ese fue el primero de los muchos cambios que vinieron después y que permitieron que la migraña desapareciese para siempre con el paso de los meses sin saber ni siquiera que eso podía hacerse. Un día, simplemente, se fueron porque dejé de querer llevar la razón y de luchar contra todos y contra todo, como si de una postura incómoda de yoga se tratase.

En mi camino para aprender a cambiar mis pensamientos, no solo influyó mi maestra de yoga, sino que mi novio (ahora mi marido) fue clave en mi proceso. Al contrario que yo, él relativizaba muchas cosas y no enfermaba casi nunca. He comprobado que la mayoría de las personas que sufren migraña buscan en sus parejas a personas mucho más relajadas para poder complementarse.

Cuando a mi marido le dolía algo de forma leve, no corría al médico, se preocupaba y automedicaba, solo se relajaba y dejaba de prestarle atención ¡y su dolor desaparecía! Comencé entonces a prestar menos atención a mis dolores y a intentar vivir sin tanta preocupación y seriedad, contagiada por su manera de vivir, más sencilla y menos dramática.

2.
¿CÓMO ES LA PERSONALIDAD MIGRAÑOSA?

Ha habido mucho debate acerca de si existe la «personalidad migrañosa» y muchas veces se ha concluido que no, que no hay ningún patrón emocional o de carácter que defina a una persona que sufre migraña, pero, según mi experiencia, las personas que tienen intensas cefaleas y crisis migrañosas comparten, en su mayoría, un conjunto de características que las definen e incluso ayudan en el diagnóstico.

Controladores, perfeccionistas, exigentes, con pensamientos dicotómicos, excesivamente responsables y personas de alta sensibilidad (PAS), lo que hace que seamos fotocopias.

Vamos a analizar cada una de nuestras características y cómo influyen en el proceso de activación y eliminación de las migrañas.

2.1. CONTROLADORES

Uno de los rasgos que destaca especialmente en las personas con un «carácter migrañoso» es el control.

La elevada capacidad de procesamiento mental que nos caracteriza hace que amemos la rutina, evitemos el sobresalto, la novedad, los cambios, todo aquello que aporte información nueva para procesar y que nos haga valorar de nuevo todo lo que nos rodea.

En contraposición, esta ausencia de cambios es lo que hace a nuestro pensamiento más inflexible, estático y con más dificultades de gestión de nuestro entorno.

"

TESTIMONIO

María Paula Cipolletta

37 años. Buenos Aires (Argentina)

Descubrí a Séfora luego de haber sufrido migrañas por veinticinco años. A lo largo de ese tiempo, pasé por una cantidad enorme de profesionales y tratamientos y hasta viajé a Santiago de Chile para comprar un neuroestimulador. Nada de eso funcionaba, sino que mi cuadro empeoraba más y más. Estaba desahuciada. Ya no quería hacer nada porque todo me provocaba migrañas. Tenía dolores seis días a la semana, algunos más intensos que otros, pero pasaba varias horas en cama a causa de ellos.

Un día tuve la suerte de descubrir el blog de Séfora y trabajamos juntas. Ahí se encendió un faro de esperanza en mis días, que por ese entonces eran cada vez más oscuros. Vivía en un círculo vicioso de dolor y temor.

Aprendí a perderle el miedo al dolor, esa fue una de las claves. Luego también aprendí a reconocer mis pensamientos y las consecuencias que ellos tenían en mi día a día, no solo provocando temor y ansiedad, sino también desencadenando el dolor. Descubrí cómo redirigir esos pensamientos hacia el lado positivo, a confiar en que todo irá bien y a ser consciente de lo que pienso.

Viví en carne propia la experiencia de la neuroplasticidad (la capacidad de las neuronas de generar nuevas conexiones). Así, por ejemplo, le enseñé a mi cerebro que ir a la oficina ya no sería más un desencadenante del dolor y, a fuerza de repeticiones, lo he logrado. Pensamiento positivo, meditación, parada de pensamiento, confianza y repetir tantas veces como sea necesario. Mi vida cambió por completo, al igual que mi forma de pensar. Todo lo aprendido no solo me ayudó a resolver mis dolores, sino también a mejorar mi calidad de vida. Este es también un camino hacia el bienestar y la felicidad. ¡Ojalá todos los migrañosos tuvieran la posibilidad de descubrirlo!

La recomendación habitual si sufres migraña es que establezcas un estricto horario de comida, hábitos de sueño y costumbres personales y, como habrás comprobado y ya he comentado, esto no hace más que empeorar las crisis en vez de mejorarlas, puesto que es muy difícil mantener un patrón fijo en la vida. Siempre hay cambios de planes, reuniones imprevistas y situaciones que alteran la rutina espartana y nos sacan de golpe de nuestra rutina definida y contra la que nos resistimos. En fin, la vida no es exactamente igual todos los días y es imposible tener el control sobre nuestro entorno en todo momento, por lo que nuestra burbuja vital queda muy limitada.

Cambios de domicilio, de trabajo y evitación de nuevas experiencias son actos que se realizan con frecuencia en búsqueda del ansiado control y que nunca funciona.

En vez de hacer tu burbuja vital cada vez más pequeña, te propongo todo lo contrario: amplía tu rango de acción, de manera que acostumbres a tu cerebro a la diferencia, al cambio, siempre evitando el bloqueo y la negación. Te lo voy a explicar con un caso real que, una vez solucionado, sorprendía y divertía a una clienta mía. Ella comía cada día en su oficina a las doce del mediodía. Si lo hacía más tarde, aunque fuesen solo cinco minutos, se activaba una gran crisis que la acompañaba toda la tarde. Una vez le expliqué el proceso y el origen de la migraña y cómo la evitación de la rutina hacía que las alteraciones diarias ya no fueran vistas como un peligro, por lo que no hacía falta activar la alarma, decidió ponerse a prueba y comer más tarde.

Al siguiente día, cuando dieron las doce, todos sus compañeros de la oficina corrieron con sus tápers, porque ya sabían lo que sucedía si se retrasaban a la hora de acompañarla al comedor. Ella les dijo que ese día comerían a las doce y media. Todos se quedaron desconcertados. En ese momento los pensamientos flecha intentaban atravesar la mente de María. «Seguro que me va a doler por comer más tarde, mira cómo ya tengo tensos los hombros y un pinchazo en la sien…». Muy hábil, paró rápidamente esos pensamientos y se distrajo con la elaboración de sus tareas.

A las doce y media comió y nunca más tuvo ese desencadenante horario. Con el paso de los meses, seguía sorprendiéndose aún de cómo era posible que, durante años, hubiera tenido migrañas si comía cinco minutos después de las doce del mediodía.

EJERCICIO:
EVITA LAS RUTINAS Y EL CONTROL EXCESIVO

Siempre que puedas, inserta en tu día a día situaciones, eventos y horarios que aporten novedad a tus rutinas.

Cuando aparezcan pensamientos anticipatorios de la crisis, páralos y racionaliza el proceso.

Aquí tienes algunos ejemplos:

- Toma caminos alternativos para ir al trabajo.
- Deja que tu hijo elija tu ropa.
- Asiste a un restaurante sin buscar reseñas o saber qué se come allí.
- Súbete a un tren, cuenta siete paradas, bájate y da un paseo aleatorio por los alrededores.
- Organiza una merienda en casa y no prepares nada hasta unos minutos antes.
- Come con un amigo y que él elija tu comida.

2.2. PERFECCIONISTAS Y EXIGENTES

Nuestro cerebro tiende a fijarse en estímulos no relevantes (recuerda, tienes un potente Ferrari entre las orejas, con una enorme capacidad de atención y procesamiento), por lo que te vas a dar cuenta de esa pequeña mancha en la pared y vas a disgustarte porque tu pareja no se ha dado cuenta de que hay una servilleta diferente que rompe el patrón simétrico de la mesa.

Nos gusta el orden. Nos gusta lo cuadrado. Nos gusta lo exacto. Tanto en el aspecto físico como en el emocional, todo debe salir perfecto, entendiendo por perfecto las medidas que nosotros imponemos, por supuesto. Esta característica, junto con el control, son un polvorín en nuestras relaciones. Somos un volcán a punto de explotar, puesto que nuestro cerebro ve en estas mínimas diferencias un peligro, ya que puede ser un interruptor para activar nuestro dolor.

La comida se cocina a nuestra manera, por ejemplo.

Buscamos una excelencia que es difícil de cumplir y que genera una elevada y constante tasa de frustración e infelicidad porque es casi imposible cumplir esas rutinas y estándares diariamente.

De nuevo, la recomendación habitual es adaptarse o morir, entendiendo por «morir» tener la madre de toda las crisis y estar encerrado en tu habitación el resto del día.

Mejor hecho que perfecto. Es el eslogan que debería repetirse en la mente de las personas que son muy mentales.

Recuerdo una vez que mi marido cocinó para mí unos sencillos macarrones. ¡No estaban hechos a mi gusto! No tenían la textura adecuada, no era la salsa que me gustaba y no estaban servidos como yo lo hacía.

Me avergüenza decir que tuve un ataque de ira en el que tiré los macarrones y cociné unos de nuevo mientras lloraba desconsolada. ¿Acaso no conocía mis gustos? ¿Acaso no quería esforzarse en satisfacer mis peticiones? ¿No comprendía que era lo que yo necesitaba?

Desde aquí, agradezco a todas las parejas y familiares de aquellas personas que sufren migraña y que siempre están apoyándonos, comprendiéndonos y arropándonos en este intenso proceso personal en el que nos ven sufrir y padecer mucho dolor.

Lo peor de ese bochornoso incidente es que, durante toda la tarde, tuve una gran crisis, de la cual hice responsable a mi pareja. Me dolía la cabeza porque él no había hecho las cosas a mi gusto. Ahora comprendo que **nadie es responsable de tus crisis más que tú mismo.**

Cuando aceptas que eres la única persona capaz de eliminar tu migraña, ya tienes la mitad del camino hecho. Comprendo que esto pueda provocar rechazo en muchas personas, pero así es.

Ahora puedo comer tranquilamente macarrones cocinados por mi marido y paso una tarde estupenda de risas y complicidad. Tengo dos opciones: o cocino siempre yo o acepto que cada uno hace las cosas lo mejor que puede con las herramientas de las que dispone. Mejor hecho que perfecto.

Como dice Louise Hay: «Si quieres que los demás te acepten como eres, debes aceptar a los demás como son».

2.3. PENSAMIENTOS DICOTÓMICOS

Esta distorsión cognitiva está muy marcada en las personas con este tipo de personalidad. Quiere decir que bautizamos a personas y eventos en dos bandos: blanco o negro, bueno o malo, y no somos capaces de valorar el gris.

O me caes bien o te odio, no hay medias tintas. Juan dejó a Raquel y Juan es mala persona y Raquel una santa, sin entrar a valorar que ni todo el mundo es tan bueno ni todo el mundo es tan malo.

Tendemos, pues, a utilizar con mucha frecuencia los términos «nunca» o «siempre», ya que «nunca me haces la comida como a mí me gusta» o «siempre haces mal los macarrones».

Llegados a este punto, muchas personas comparten conmigo lo siguiente: «Pero yo no quiero cambiar, a mí me gusta como soy». Comprendo ese temor a dejar de ser quién eres, pero no es lo que se pretende con el proceso. Siempre vas a tener un Ferrari, pero puedes frenarlo un poco y no quemar el motor.

El objetivo del proceso de cambio es no llegar a extremos, suavizar estas características personales con la intención de que no nos dañen física y emocionalmente.

Yo voy a ser siempre exigente con la comida y tengo mis gustos personales, pero si un día tengo que comerme unos macarrones algo blandos y fríos, pues no voy a quemar el motor de mi Ferrari, voy a pisar el freno y girar el volante hacia la paciencia y el gris de la situación.

"

TESTIMONIO

Sandra González

38 años. Pozoblanco, Córdoba (España)

https://sandramurga.com/

Durante años sufrí migrañas diarias y constantes. Alucinaba el día que no me dolía la cabeza y podía pasar sin tomar nada. Visité a distintos profesionales y probé de todo. Lo peor llegó después: el cuadro sintomatológico fue empeorando y cuando quise darme cuenta tenía fibromialgia.

En ese tiempo la desesperación, la frustración y la desesperanza de recuperar mi vida marcaban mi día a día. Nunca creí que se podría vivir sin síntomas, ¡qué bueno que me equivoqué! Un día descubrí que las personas somos un todo y yo lo había estado mirando de manera individual poniendo parches. Solo me centraba en los síntomas y no en las causas.

Inicié un proceso de autoconocimiento personal, empecé a cuidarme por dentro y por fuera, e hice cambios para llevar una vida coherente con mi forma de ser y mis valores.

Aprendí que las creencias, el aprendizaje y mi forma de ver el mundo me habían llevado al estado de alerta y síntomas en qué vivía y fui tomando decisiones que me acercaban a ser más yo.

Un día me di cuenta de que llevaba días sin migrañas, ya no pensaba en ellas y estas no estaban. Daba igual lo que comiera o hiciera. Di gracias por cada día que no tenía síntomas y de eso hace casi ocho años. Hoy soy una persona que vive sin miedo al qué pasará si salgo, viajo, como y siento.

2.4. HIPERRESPONSABILIDAD

No nos gusta parar, no nos gusta decepcionar, queremos hacerlo todo bien, cueste lo que cueste, y si no tenemos que comer para acabar el informe pues no se come, aunque nadie valore ese esfuerzo.

Esta característica determina, en muchas ocasiones, la migraña de fin de semana. Si tienes migraña los viernes, sábados o domingos, revisa lo que piensas en tu oficina de lunes a viernes. ¿Estás pisando el acelerador?

Debemos comprender que podemos fallar y que descansar no es una debilidad, sino un aspecto muy necesario debido a nuestras características.

2.5. PAS

El término PAS significa persona de alta sensibilidad y, si no conoces este término te va a tranquilizar y mucho esta descripción.

Durante toda la vida, los PAS no identificados se sienten fuera de lugar, la oveja negra en los grupos de amigos y de la familia, puesto que tendemos a no encajar en los gustos y ritmos de los eventos. «Eres muy delicado» o «es que no te gusta nada» son frases que tienden a decirnos.

Ser PAS no es una enfermedad ni es nada malo, es un rasgo, una característica que no vas a poder cambiar, al igual que el color de tus ojos.

Las personas PAS tienen estas características en diferentes grados:

- Procesamiento profundo de la información: es decir le damos muchas vueltas a la cabeza, ¿te suena?
- Tendencia a la sobreestimulación: nos sentimos sobrepasados con las multitudes o sitios con muchos eventos o luces.
- Empáticos: sufrimos cuando el otro sufre y nos alegramos mucho con la alegría del otro. Somos especialmente empáticos con aquellos que están desvalidos o son más frágiles, como niños o animales.
- Sensibilidad: detectamos situaciones y relaciones que muy poca gente detecta.

También puedes ser PAS en diferentes grados, hay varios test en internet que pueden ayudarte a identificar si lo eres.

El 20 % de la población es PAS. Se trata de un número muy elevado para ser una mutación aleatoria, ya que ser PAS tiene en la comunidad funciones concretas, especialmente en la época en la que vivíamos todos juntos, en cuevas y cazando nuestro alimento.

Los PAS detectamos el cambio de tiempo, los alimentos en mal estado o las sutilezas de relación o enfermedad de los diferentes componentes de «nuestra manada». Lamentablemente, estas excelentes habilidades ya no tienen mucha utilidad en entornos urbanos masificados más que la de enfermarnos si no sabemos manejarlo.

Así que ya has visto, en conjunto, que las rutinas para evitar todos estos estímulos no tienen sentido, porque la vida es, precisamente, todos estos estímulos y relaciones. Lo adecuado es exponerte a ella de forma progresiva, desensibilizarte y aprender a gestionar estos «superpoderes».

“

TESTIMONIO

R.

62 años. León (España)

Desde que era adolescente hasta la edad madura, la migraña fue compañera de forma intermitente, limitante, madrugadora, explosiva, tremendamente dolorosa, tenía dificultad para hablar y visión borrosa seguida de vómitos y diarreas. Cuando aparecía, me tomaba un triptán, me acostaba en la cama, quedaba a oscuras y a merced del tiempo, entre veinte y treinta horas.

Empecé mi proceso de cambio hasta eliminar

totalmente mis migrañas. Durante el proceso tuve una recaída. Una crisis de migraña. Entonces asomó el miedo y el pánico a no saber controlar la situación; el cerebro en esos momentos «quiere» sucumbir al terrible dolor, sería lo más fácil, eso sí, con un gran coste personal y anímico. No tenía motivos para padecer esa crisis, pues contaba con herramientas para hacer frente al punzante dolor, así que bien utilizadas y combinadas la migraña desapareció. Durante décadas, fui diana para mi madre, que descargaba en mí su miedo y rabia, y este fue uno de los principales activadores migrañosos.

Ahora mi vida es diferente, tiene luz, aromas, sabores... Aprendí a utilizar todas las herramientas de las que disponemos y que desconocemos. En el proceso de curación mantuve la fe, actuando de forma positiva y tuve la oportunidad para demostrarme que de la migraña se sale.

No debes considerar que el tener estas características es algo malo, sino que es algo que te define y que te aporta una diferencia sobre el resto de las personas.

Somos grandes líderes, emprendedores, profesionales que trabajan bien con personas (profesores, enfermeros, veterinarios o atención al cliente) y tenemos una gran capacidad para trabajar en equipo. También somos muy buenos amigos, padres y madres, puesto que pensamos en las necesidades del otro y priorizamos el bienestar del grupo, muchas veces por encima del nuestro propio. Esto último no es beneficioso para nosotros llevado al extremo, por lo que debemos encontrar un equilibrio saludable. También sabemos en seguida cuándo se ha puesto mala la comida en la nevera y nos enteramos los primeros de que nuestro hermano ha discutido con su novia.

Durante años te habrán dicho que eres raro, diferente, delicado. Pero todas estas características te hacen ser como eres. Ser de la minoría no es fácil, pero te permite llegar más lejos.

Así que respira y siéntete orgulloso de conducir un Ferrari.

Las personas con una personalidad migrañosa tienden a ser responsables, perfeccionistas, exigentes, con alta sensibilidad y con pensamientos dicotómicos.

Para acabar con este apartado quiero citar que, debido a todo lo anterior y la medicación que se recomienda para la gestión de las crisis, he observado elevadas tasas de ansiedad y depresión en los casos de personas con migraña.

Una vez que conoces el proceso está clarísimo: sufres dolores de cabeza descomunales que te incapacitan durante días, te diagnostican que estos son para toda la vida y que no vas a poder hacer absolutamente nada para evitarlos, debes mantener una rutina de hábitos, alimentación y sueño imposible de cumplir que te hará sentir culpable y que afectará a tu vida personal, familiar y laboral, mientras tomas una medicación que tiene efectos claros en las vías químicas internas y te sientes un bicho raro en tu entorno… Así es fácil cruzar la línea de la depresión.

Si tus dificultades de gestión emocional te impiden comer, relacionarte, dormir o trabajar con normalidad, te recomiendo encarecidamente que acudas a un profesional de la psicología. Te dará herramientas para el autoconocimiento y claves en el proceso curativo. Sé que es un paso que cuesta, pero no dudes de tu valentía al pedir ayuda a un psicólogo porque tus pensamientos te están enfermando.

Si lo que piensas no te enferma, puedes probar con meditación, mindfulness y ejercicio para equilibrar la balanza y encontrarte mejor. Se trata de actuar, hacer y cambiar para sentirte bien y enfocarte en la solución en vez de quedarte atrapado en el problema, llorando en tu cama de nuevo por otra crisis de migraña. **Actúa hoy para mejorar tu vida.**

Si tienes dificultades de gestión emocional que afectan a tu alimentación, descanso o relaciones personales y laborales acude a un psicólogo especializado.

3.
RESUMEN Y PREGUNTAS FRECUENTES

TEXTO DE LOS CUADROS RESUMEN

- La migraña no es una enfermedad, sino un síndrome cuyo principal síntoma es el dolor de cabeza de carácter primario, es decir, que es el problema en sí y no indicativo de un daño o lesión grave cerebral. Si tienes dudas sobre su diagnóstico y síntomas acude a un profesional sanitario que descarte otras patologías y realice un correcto diagnóstico.

- El dolor de cabeza de tipo migrañoso es unilateral, pulsátil, moderado o severo, que empeora o condiciona el abandono de la actividad física y tiene una duración de cuatro a setenta y dos horas.

- El dolor de cabeza debido a la cefalea tensional es una sensación de tensión o presión en la frente, en los laterales o en la parte trasera de la cabeza, sin sensibilidad ambiental y no tan incapacitante para llevar a cabo las tareas diarias como puede ser una intensa migraña.

- El cerebro es un sistema activo que recibe, selecciona, filtra y modula las señales recibidas antes de emitir el dolor.

- La migraña es un tipo de dolor de cabeza cuyo origen no se debe a ninguna lesión física y viene condicionada por el aprendizaje, el conocimiento y la cultura, por lo que puede ser reversible.

- Además del dolor de cabeza característico de las crisis de migraña también se puede sentir fotofobia y sonofobia. Para evitar su aparición, reduce tu sensibilidad corporal a la luz y el ruido exponiéndote de forma progresiva y controlada a estímulos lumínicos y auditivos para aumentar tu burbuja vital.

- La migraña se caracteriza por un fuerte dolor de cabeza pulsado, además de por fotofobia y sonofobia, como activación de un peligro imaginado que pretende alejarnos de nuestra vida para no ver, oír ni pensar nada debido a una saturación por la gestión de lo que nos rodea.

- El aura es un conjunto de síntomas transitorios frente a los cuales hay que mantener la calma, puesto que no son indicativos de un problema de salud más grave. Para estar más tranquilo, busca confirmación y diagnosis de un profesional sanitario cualificado.

- El origen y los síntomas del ictus son diferentes de los de una migraña. Para estar más tranquilo, confirma tus síntomas con un profesional sanitario cualificado y mira un vídeo acerca del aspecto de las personas que sufren un ictus.

- La migraña busca en su origen alejarte de ese estímulo que te resulta estresante. Con el paso de los años, el proceso se cronifica y agudiza y el dolor va apareciendo sin necesidad de estímulo que te genere malestar.

- Evitar ingerir alimentos etiquetados como desencadenantes de migraña no va a eliminar tus crisis de migraña, como ya habrás comprobado muchas veces.

- Debido a que la migraña es un síndrome, no puede heredarse. Es un proceso aprendido que tienes más probabilidad de sufrir si otro miembro de tu familia también lo sufre.

- Tus conexiones neuronales pueden cambiar y con ello aprender a realizar nuevos pensamientos y acciones automáticas. Para ello repite, visualiza y asocia todo a emociones positivas.

- Las personas con una personalidad migrañosa tienden a ser responsables, perfeccionistas, exigentes, con alta sensibilidad y con pensamientos dicotómicos.

- Si tienes dificultades de gestión emocional que afectan a tu alimentación, descanso o relaciones personales y laborales, acude a un psicólogo especializado.

"Aquí puedes leer un esquema de los pasos a seguir para reeducar a tu cerebro, creado por una de las seguidoras de Vivir Sin Migraña, inspirada en su proceso de eliminación de síntomas"

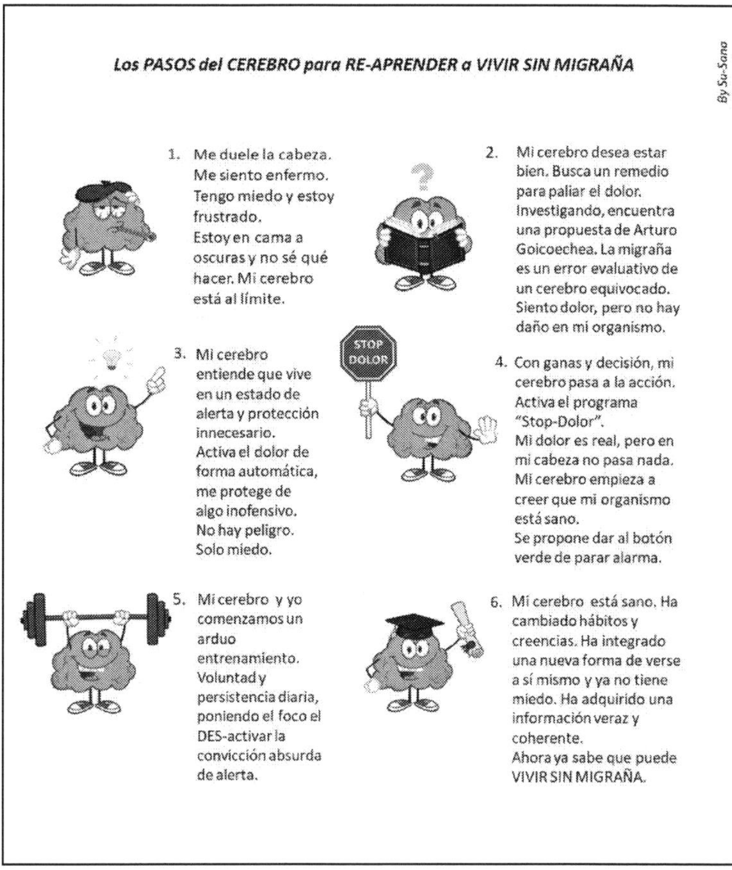

Habitualmente, me preguntan sobre las mismas cuestiones. Por ello, he hecho un recopilatorio que espero que resuelva tus dudas. Algunas respuestas ya han sido tratadas en el desarrollo del libro, pero ya sabes que la repetición es clave durante el proceso. Así que vamos a repasar algunas ideas y conceptos.

Me han dicho que lo mejor que puedo hacer para eliminar mis migrañas es embarazarme, ¿desparecerán mis migrañas si soy madre?

La percepción del dolor y su aparición aumentan con la atención. Si te duele la cabeza, lo peor que puedes hacer es encerrarte a oscuras y estar atenta al martilleo. La distracción es clave para su eliminación. Y embarazarte es una grandísima distracción. Tu foco de atención pasa de los dolores de cabeza a estar pendiente de cuándo llega la cuna, de la siguiente ecografía o del nombre de tu bebé. Las migrañas no tienen un origen hormonal femenino, ya que, de ser así, ni los adolescentes, ni los hombres, ni las mujeres menopáusicas tendrían migraña como así es. Conozco además a montones de mujeres embarazadas que no han dejado de tener crisis durante el embarazo y otras muchas que vuelven a reactivar las crisis tras el nacimiento del bebé, con lo que se encuentran con sus peores crisis de vuelta y con un pequeño entre sus brazos que necesita atención veinticuatro horas al día.

Si la migraña es un sistema de protección, ¿por qué me duele la cabeza al despertar, si por la noche no me preocupo?

Durante la noche, nuestro cerebro no se apaga al 100 %. Muchos procesos siguen activos, como el almacenaje y borrado de nuestras experiencias y pensamientos diurnos. Seguro que muchas veces te has levantado agotado, puesto que has estado toda la noche inquieto repasando en sueños ese conflicto con tu pareja. Al cerebro le da lo mismo que discutas con tu pareja en la realidad que lo hagas con tu mente, y por ello activa el dolor.

Comprendo que los alimentos no causan migraña, pero es que yo cada vez que como chocolate acabo en el hospital. ¿Qué puedo hacer?

Que después de comer chocolate te duela la cabeza no quiere decir que sea la causa, sino que coincide en el tiempo. Ya has leído que es un proceso fijado y aprendido. La

"

TESTIMONIO

Yaione Lansorena Trevilla

41 años. Bilbao (España)

Después de entender y practicar este nuevo enfoque mi mejoría ha sido muy positiva, llevo seis meses sin migrañas con aura.

Ya no tengo miedo a comer cualquier alimento, porque no me pasa nada cuando lo hago, incluso puedo permitirme tener días estresantes sin que se desencadene el dolor de cabeza. He dejado de ser dependiente de la medicación y puedo salir de casa sin la obsesión de tener que llevar pastillas en el bolso. ¡Mi vida ha cambiado a mejor totalmente!

Todo esto da respuesta a todas las preguntas que llevo toda la vida haciéndome. ¿Por qué no lo había leído antes?

Sostengo que para tener el conocimiento real de lo que es la migraña es necesario un profesional multidisciplinar que tenga conocimientos básicos de muchas temáticas diferentes y que aúne la experiencia de curación o de acompañar a otras personas a conseguir lo mismo. Hay muy pocas personas que se hayan especializado en el tema de las migrañas y que tengan todo este conocimiento de forma simultánea.

¿Cuánto tiempo tardaré en curarme?

No existe respuesta para esta pregunta. Depende de muchos factores, como la motivación, tu capacidad de aprendizaje y de introducción de los cambios. Lo mejor es no estar pendiente del tiempo y seguir adelante con el proceso. Precisamente, si añades el factor tiempo a la ecuación, dificultas el proceso. He conocido a personas que se han curado en diez días y otras que han tardado diez meses. Así que solo pon tu mirada en hoy y en estar mejor que ayer sin preocuparte por el calendario.

Llevo veinte años con migraña, ¿es posible que desaparezca después de sufrirla durante tanto tiempo?

La curación no depende del tiempo que lleves con dolor. He conocido a personas que han revertido el proceso después de llevar más de treinta y cinco años con dolor y otras que lo tenían desde hacía solo un año. La manera de hacerlo es siempre la misma: cambio de pensamiento, cambio de acción, cambio de emoción. Tu cerebro se ha hecho adicto a tener esas sustancias químicas del dolor;

siempre puedes pasar el período de abstinencia y abandonar la adicción y obtendrás resultados.

¿Es bueno meditar para el proceso?

La meditación es muy recomendable y beneficiosa. La meditación se basa en traer orden a nuestra mente, no en ponerla en blanco, como muchas personas creen. Se ha detectado un aumento en la densidad de la materia gris del hipocampo (una zona importante para el aprendizaje, la memoria, la autoconciencia y la compasión) e incrementa la capacidad de la corteza prefrontal (nuestras respuestas son más reflexivas y menos impulsivas). Es normal sentir rechazo con las primeras prácticas por nuestras características, pero con el paso de las semanas notarás claramente los beneficios, no solo mentales, sino también físicos.

Mi hijo tiene migraña como yo, ¿qué hago?

Lo primero que debes hacer es abandonar el dramatismo. Tener migraña es algo importante, pero debemos darle la justa atención. No hables de ella constantemente ni agobies al niño todo el rato preguntándole a cada rato «¿te duele la cabeza?». Evita hablar de desencadenantes en su presencia: «Mira, hijo, cada vez que como queso me duele la cabeza». Acompáñalo en el proceso y sácalo de las rutinas. Haz que pruebe cosas nuevas y que aprenda a disfrutarlas: enséñale a conducir su Ferrari y a mejorar sus relaciones sociales.

No vomito ni tengo auras, ¿este proceso sirve para mí?

Con frecuencia pensamos que nuestra migraña es especial y diferente, y que nuestro caso es de los peores. Esto no suele cumplirse. Todas las migrañas tienen la misma base: un conjunto de síntomas sin lesión. Es independiente de los síntomas que tengas. Hay personas cuyas crisis duran cinco días en las que no dejan de vomitar y otras personas tienen dolor todos los días del año. Así que es mejor no compararse y no dar tantas vueltas a preguntas que a lo mejor no tienen una única respuesta correcta.

Después de llevar semanas sin dolor, hoy he tenido una recaída. ¿Qué estoy haciendo mal?

El proceso de desactivación de las migrañas no suele ser lineal y las recaídas son algo normal. Lo mejor es no evaluar las mejoras comparando días o semanas, sino ser consciente de los avances a más tiempo vista. Debes sentirte cómodo en la incomodidad de seguir adelante y no tener siempre todas las respuestas. Sigue sin dar protagonismo a la migraña, sin hablar casi de ella ni pensar en ella, y volverán los buenos resultados. Deja de escuchar esa voz interna (que no podrás callar, pero sí ignorar), que te dice que no haces las cosas bien.

Entonces, ¿he de tomarme la pastilla cuando empieza el dolor?

Por razones obvias eso es algo que has de decidir tú, puesto que has recibido unas indicaciones de un profesional. Lo ideal es comenzar a introducir este nuevo enfoque y, con la reducción de días de dolor, la toma de medicación será cada vez menor. Por otro lado, quiero recordarte que la migraña no es una alteración física, de manera que ningún producto externo va a solucionar el origen de tus migrañas. Así que con esta información ya puedes comprender el motivo por el que tus pastillas funcionan en algunas personas y en otras no, y durante períodos son efectivas (debido al efecto placebo) y durante otros períodos no (debido al efecto nocebo).

"

TESTIMONIO

Nela Rincón

43 años. Sevilla (España)

Llevaba padeciendo migraña desde los ocho años. Mis dolores eran muy persistentes e intensos, llegando a tener cuatro o cinco días de dolor a la semana. Vivía un secuestro constante en mi vida, con la consecuente pérdida de confianza en que esa tortura pudiera terminar algún día. Mi estado de ánimo cada vez era más bajo, rozando la depresión, hasta el punto de desear que mis días pasaran sin más en la cama, no tenía ganas de nada, ni siquiera de estar con mi hija y mi marido, que intentaban animarme sin éxito la mayoría de las veces. Todo me daba miedo, cualquier cosa me producía ansiedad, todo lo veía oscuro porque mi pensamiento era extremadamente negativo.

Tras descubrir este nuevo enfoque, comencé a hacer algunos cambios en mi vida que me producían un bienestar increíble. Comencé a exponerme cada vez a más cosas que jamás me hubiese atrevido a hacer y todo empezaba a verse mucho más bonito. ¿Por qué pensar que todo lo malo del mundo me iba a pasar a mí si la mayoría de las cosas negativas que pensamos no suceden nunca? Y decidí que no hay nada mejor que vivir soltando el control, ¡qué sensación tan placentera es poderte tomar un simple café donde jamás lo hubieras pensado unos meses antes! Gracias a todo esto soy una persona nueva, renovada, capaz de enfrentarse a todo, que se siente inmensamente feliz y eternamente agradecida.

4.
CIERRE

4.1. HISTORIA PERSONAL

Hoy me voy a Texas (Estados Unidos) desde Barcelona con tres importantes jefes de mi empresa. Hace una década que no tengo migraña, pero me aterra volar. Mis vuelos siempre han sido a Mallorca e Ibiza, y previamente lo pasaba fatal, tenía ansiedad y llegaba a mi destino tensa como un palo.

Desde hace años huir de lo que me estresa ya no es una opción. Llevo dos semanas visualizando el viaje, haciendo meditaciones y respiraciones profundas. Le he dicho a todo el mundo que me encanta volar y que es una de mis pasiones (menos a mi jefe directo, al cual he confesado mi pánico a las alturas).

No llevo ninguna pastilla en el bolso. Quién me ha visto y quién me ve, ni un analgésico, ni un tranquilizante, para pasar quince días a casi 9 000 kilómetros de mi casa.

Soy como una buena actriz, finjo que estoy tranquila y que disfruto en los aeropuertos. Paro todos los pensamientos negativos (dentro de mí hay una vocecita que me dice que no lo voy a lograr, a la que no puedo callar y a la que ignoro) y observo a uno de mis jefes, que es un apasionado de volar. Me explica que su parte favorita es el despegue, cuando nota en su cuerpo toda la potencia del motor del avión y la fuerza de la gravedad de la tierra. Le replico que justo es también mi parte favorita.

Me siento a su lado y me muevo como él, hablo como él e intento sentir como él.

Nos abrochamos los cinturones y nos preparamos para coger el primero de los tres vuelos que nos va a llevar a otra compañía para hacer negocios internacionales en inglés, puesto que mi experiencia como bióloga en los servicios de limpieza hospitalaria en mitad de la crisis del Ébola es determinante.

Mi jefe directo bromea todo el rato y me apoya en el proceso animándome y citando todas las maneras diferentes en las que podríamos morir en el aire.

El motor arranca y controlo mi mente y mi cuerpo. En las últimas semanas me he preparado intensamente para este momento. He imaginado este preciso momento unas cien veces al día desde que me comunicaron este viaje. Miro de reojo al jefe al que le apasiona volar. Sonríe.

Relajo mi mandíbula y sonrío también. «Viene la mejor parte», le digo. Disfruto.

De verdad, consigo generar la emoción de disfrute.

El miedo ya no es para mí un freno, sino un motor. Hago las cosas pese al miedo.

Durante todo el trayecto hay risas, trabajo, concentración y descanso. Descubro que los vuelos son una excelente ocasión para dedicarme tiempo a mí misma. En donde el teléfono no interrumpe mis pensamientos y en donde no puedo hacer nada más que dejarme llevar.

«Cuando llegue a casa me voy a tirar en tirolina, creo que ayudará a fijar el proceso», pienso en el vuelo de vuelta a casa, totalmente relajada y tranquila.

No ha sido fácil hacer esto. No lo idealices, ha habido dudas, miedos, retos y alguna noche de nerviosismo.

Pero ahora me siento orgullosa.

Me gusta volar.

¿Y AHORA QUÉ?

¿Y ahora qué? Te preguntarás.

¿Dejo de tomar la medicación? ¿Empiezo a comer de todo? ¿Qué hago?

Este proceso es único para cada persona y, por razones obvias, no recomiendo abandonar drásticamente las indicaciones sanitarias.

Hay personas a las que les gusta hacer las cosas de forma progresiva (yo me encuentro entre ellas) y a otras les gusta tirarse a la piscina desde el minuto uno. Así que introduce los cambios de forma que te sientas cómodo.

La palabra clave es «cambio». Si sigues hablando, pensando y haciendo todo exactamente igual, vas a tener exactamente las mismas migrañas.

El orden para realizar este proceso de cambio es el siguiente:

hablar / pensar / sentir

Cambia lo que dices, cambia lo que piensas y cambia lo que sientes.

Insiste. La paciencia y no perder la motivación es clave en el proceso.

"

TESTIMONIO

Almudena Moreno

47 años. Madrid (España)

¡Puedes vencer tus migrañas para siempre! No quiero que me creas, no me interesa que pienses que yo sí lo conseguí, ni tampoco quiero que te alegres por mí. Deseo de corazón que no me creas y que te decidas a comprobarlo por ti mismo. ¡Haz que suceda! ¿Qué buscas, tener razón o tener resultados? Si solo quieres tener razón encontrarás mil y una excusas para mantenerte en el punto en el que te encuentras ahora y seguir secuestrado por tus migrañas. Pero si te abres a la posibilidad de cambiar tu realidad, si buscas resultados… ¡este es tu libro!

Nada que realmente valga la pena se consigue sin esfuerzo, pero sé de tu fortaleza de carácter, ni te imaginas lo fuerte que te han hecho tus migrañas, así que, amigo mío, agarra fuerte este libro, todo lo que leas en él te será útil y práctico para lograr tu éxito. Lo sé porque yo ya lo he vivido. Es mi realidad, haz que también sea la tuya.

¡Naciste para brillar!

Atentamente, una exmigrañosa.

NO HAY DIFERENCIA

El cerebro no diferencia lo que está recibiendo de los sentidos de lo que piensa profunda y meditativamente. Se activan las mismas áreas cerebrales si miras un perro que si cerras los ojos y te concentras en la imagen de un perro.

Ahora reflexiona sobre todo aquello que piensas cada día y en todo momento: «tengo miedo, seguro que mañana tengo migraña», «he comido chocolate y me va a venir la menstruación, ya verás qué mal me encuentro por la tarde». Así que ya ves que haces realidad aquello que estás pensando, aunque no seas consciente de ello y lo hagas de forma automática.

Al igual que si cierras los ojos y tienes un pensamiento erótico se activan en tu cuerpo los impulsos sexuales, si cierras los ojos y piensas que por la tarde vas a tener migraña se activa en tu cuerpo toda la maquinaria para así sea.

En este proceso es clave el compartir y buscar grupos de apoyo para comunicar tus dudas, tus miedos y dificultades. Derribar el miedo es el primer paso hacia la curación, puesto que este no es un proceso lineal y las recaídas pueden hacerte temer que no estás avanzando cuando no es así.

Después de doce años nunca he vuelto a tener un síntoma de migraña y sé que jamás volveré a tenerlo porque **mi arquitectura cerebral es otra.** Soy otra persona diferente y la activación de migraña ya no tiene sentido en mi organismo. Pero sigo teniendo un Ferrari. Sigo contracturándome la espalda dos veces al año y cada cuatro meses tengo una cefalea tensional después de excederme frente al ordenador o tras una noche de insomnio, que desaparece en unas horas.

Pero jamás voy a volver a tener quince migrañas al mes.

Simplemente confía. Respira y comprueba que nada malo de todo lo que piensas va a pasarte. Abandona la teoría y pasa a la práctica, hablándote muy bien a ti mismo y felicitándote con cada avance.

El libro llega a su fin. Te agradezco que me hayas acompañado en este viaje, el más emocionante que puede haber, el de bucear en nuestro interior. Te deseo lo mejor.

Siempre que cae un libro en mis manos, miro la última palabra. Creo que determina la calidad de este, una palabra que cierra todo el texto. Así que me gustaría acabar con una palabra que resume todo lo que has vivido y lo que vas a vivir, ya que eres muy VALIENTE.

seforabermudez.com

BIBLIOGRAFIA

BATES, William H.: *El método Bates, para mejorar la visión sin gafas*, Paidós, 2012.

BUTTLER, David: *Explicando el dolor*, Noigroup Publications. 2010

BRADLEY, Walter G.: *Neurología clínica*, Barcelona, Elsevier, 2010 (5.ª ed.).

DISPENZA, Joe: *Deja de ser tú*. Ed. Urano, 2012.

III Edición de la Clasificación Internacional de las Cefaleas. International Headache Society (IHS)

<https://www.ihs-headache.org/binary_data/3559_ichd-3-spanish.pdf>

FISHER, J. P., HASSAN, D. T., O'CONNOR, N., MINERVA: *British Medical Journal*, 1995, 310:70.

GOICOECHEA, Arturo: *Migraña. Una pesadilla cerebral*, Editorial Desclée De Brouwer, 2012 (2.ª ed.).

HERASO, María Isabel: *Vivir bien sin dolor de cabeza*, Ed Paidós, 2015.

KANJA, HANA: *Querida incertidumbre, te lo debo todo*, Ed. Conecta, 2017.

RODES TEIXIDOR, J. y GUARDIA MASSÓ, J.:

Medicina interna, tomo I, Ed. Massson, 1997.

LLAMAZARES, Eduardo: Mente déjame vivir, autopublicado, 2018.

MATOS, Jesús: Buenos días, alegría, Zenith, 2017.

ROZMAN, Farreras: *Medicina interna,* Ed. Harcourt Brace,1995 (13.ª ed.).

RUEDA SÁNCHEZ, M.: (1). «Migraña y depresión: revisión crítica de la comorbilidad», *MedUNAB, 4*(12), 197-202. Recuperado a partir de https://revistas.unab.edu.co/index.php/medunab/article/view/305

TAREN, Adrienne: *Prefrontal regulatory mechanisms of mindfulness and stress reduction and links to markers of health,* Universitiy of Oklahoma. Sayers, W. M., CRESWELL, J. D. y TAREN, A. A.: *The Emerging Neurobiology of Mindfulness and Emotion Processing,* Handbook of Mindfulness and Self-Regulation, 2013.

HERNÁNDEZ ELÍAS, Sergio: *Increased Grey Matter Associated with Long-Term Sahaja Yoga Meditation,* A Voxel-Based Morphometry Study Published, 2016 <https://doi.org/10.1371/journal.pone.0150757>.

ZARRANZ, Juan J.: *Neurología,* Elsevier, 2017 (4.ª ed.).

Printed in Great Britain
by Amazon

55338369R00097